사진으로 쉽게 알아보는
한국의 산야초 효소 도감

감수자 백초(百草) 김종남(金鍾南)

주요 이력
진주고등학교 졸업
서울대학교 체육교육과 3년 수료
부산 동아대학교 졸업

주요 수상
1993년 : 우리꽃 전시회 금상
1994년 : 서울정도 600년기념 자생식물 전시회 서울시장상 금상
1995년 : 한국 춘란 전국전시회 석부작부문 대상
1997년 : 고양 세계꽃박람회 특별대상
1998년 : 한국난협회 전국대회 석부작부문 대상
2004년 : 우리꽃 박람회 국무총리상 대상
2009년 : 안면도 세계꽃박람회 우리꽃 분경부문 대상

현재
한국 우리꽃 문화연구회 연구소장
(사) 한국자생식물협회 부회장
한국 우리식물 효소연구소 소장
한국석부회 고문
산천 식물원 38년 재배운영
전국 주요 식물관계 및 농업대학 출강
KBS원예교실 강사
전국 농업기술원 강의
주식회사 자생원 대표이사

사진으로 쉽게 알아보는 **산야초 효소 도감**

초판 1쇄 인쇄 2021년 4월 30일
초판 1쇄 발행 2021년 4월 30일

펴낸이   윤정섭
엮은이   자연과 함께하는 사람들
편낸곳   도서출판 윤미디어
주소   서울시 중랑구 중랑역로 224(묵동)
전화   02)972-1474
팩스   02)979-7605
등록번호   제5-383호(1993. 9. 21)
전자우편   yunmedia93@naver.com

ISBN 978-89-6409-106-7(13480)
© 자연과 함께하는 사람들

사진으로 쉽게 알아보는

산야초 효소 도감

엮은이_ 자연과 함께하는 사람들
감수_ 백초 김종남

♣ The Enzyme of Korea — 우리 산과 들에 숨쉬고 있는 보물

도서
출판 윤미디어
YUN MEDIA PUBLISHING.CO.

감수의 글

  우리의 몸은 자연과 불가분의 관계를 맺고 있다. 따라서 건강을 지키고 질병을 치유하는 방법도, 그 해답도 자연에서 찾을 수 있을 것이다.

  발효 '효소'란 흔히 두 가지의 뜻을 내포하고 있다. 하나는 자연에 근본을 두고 생겨난 이론과 실제이고, 또 하나는 식품이 분해과정을 거쳐서 이루어지는 상태를 말한다.

  인류가 오랜 기간 사용해온 민간요법의 지혜가 재조명되고, 이 땅에서 자라는 꽃과 나무, 열매와 줄기, 잎, 뿌리 등 이끼류, 플랑크톤까지 두루 활용되고 있다. 이야말로 '사람에게 병이 있으면 약도 있다'는 선인들의 가르침이 자연의 섭리로 맺음이 아니겠는가.

  건강에 대해서는 수많은 선구자들이 깊이 연구한바, 지금도 의학 연구는 꾸준히 진행되고 있다. 이런 상황에서 자연적 악조건을 극복하며 생명을 지키는 식물이야말로 많은 '약성' 물질들을 생성하고 있으며, 이 물질들의 면역력과 방어력은 인류에 커다란 이익을 안겨주고 있다.

모든 생물은 영양분을 섭취하고 생명활동을 유지하기 위해 분해(소화) - 합성(흡수) - 산화(연소) - 환원(배설)의 순환과정 속에서 에너지와 다른 물질로 환원된다. 이 과정에 의해 우리 신체가 활동하게 되고, 생명을 유지하게 되는 것이다.

끝으로 이 책은 독자들과 가족 친지들의 건강을 위하여 각 가정에서 사전처럼 옆에 두고, 때로는 산과 들에 가져가서 생김새도 맞추어 찾아보고 효능과 적응상태 그리고 산지와 생태 활용용도 등을 몸소 확인해볼 수 있게끔 꾸며졌다. 아무쪼록 산지 활동에 많은 도움이 되고 각 가정의 건강과 행복을 이끌어내는 활력소가 되었으면 한다.

백초 김종남

효소 발효액 연구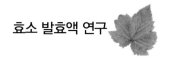

    효소 발효액을 만들 경우, 액체가 부족하여 발효액이 발생되지 않을 때에는 액이 많은 소재와 결합하여 발효액을 만들어야 한다. 가장 좋은 발효 첨가 소재로, ❶고로쇠나무 수액 ❷한산덩굴 수액 ❸알로에 ❹배즙 ❺수박 ❻무 ❼각종 과일즙 ❽수세미 수액 및 각종 덩굴성 식물 수액을 들 수 있으며, 이런 첨가물들을 이용하면 원하는 발효액을 얻을 수 있다.

    또한 건초약재나 목본류 등 마른 소재를 발효시키고자 할 때에는 '중탕기' 온도 70~80℃ 이하에서 중탕한 추출액을 그대로 사용하거나, 위의 소재와 함께 혼합 사용해도 좋은 발효액을 만들 수 있다. 약재의 분말이나 곡류 가루를 사용할 때에는 잘 발효된 메주가루와 누룩가루를 소량 첨가한 후, 발효액을 6:4 비율로 첨가하여 목적하는 발효액을 만들면 된다.

    효소 발효액을 담을 용기容器는 가급적 태양과 바람이 잘 통하는 항아리를 사용해야 좋고, 최소 1년에서 최대 3년 동안 숙성시켜 발효액을 얻을 수가 있으며, 설탕과 소재의 비율이 1:1에서 4:6까지 달라지는 경우도 있다는 점을 숙지하기 바란다.

　본 감수자가 30여 년 동안 실패와 성공을 반복하면서 수많은 임상실험과 병자들과의 대화를 통하여 얻은 결론은, 사람마다 다른 처방으로 영양분을 활성화시키고 환자의 상태에 따라 효소 발효액의 기능을 가늠해야 한다는 점이다.

　우리 몸에 필요한 미네랄은 체내에서 자연스럽게 만들어지는 것이 아니라 음식을 섭취함으로써 흡수되는 것이고, 효소는 체내의 생활세포에 의해 합성되는 것이다. 하지만 효소는 체내에서 만들어지는 것만으로는 부족하기 때문에, 식품의 형태로 체외에서 달리 보충하지 않으면 여러 가지 질병에 손상되어 생명에 문제가 생기게 될 수도 있다.

들어가는 말

　산야초山野草란, 한자 그대로 산과 들에서 나는 풀을 뜻한다. 다시 말해 산이나 들에서 나는 이런저런 풀의 뿌리, 줄기, 열매, 잎을 이용하여 병을 치유하는 모든 식물을 총칭해서 부르는 말이다.

　이러한 약초들은 전문가와 상의하여 제대로 사용하면 각종 질병을 치유하는 놀라운 효능이 있지만, 잘못 사용하면 그 독성 때문에 목숨까지 잃을 수도 있다. 무릇 질병이란 자연을 거부해서 생기는 것이라서 자연의 기운을 담은 산야초야말로 모든 질병을 치유하는 자연의 보물이라 할 수 있다. 서양약품인 양약洋藥도 결국은 자연의 식물에서 채취한 것이며, 한약 또한 자연의 식물을 이용하여 질병을 치료하는 것이다. 그러므로 독초를 제외하고, 산이나 들에서 나는 풀은 대개 약재료로 사용할 수 있다.

　산야초는 뿌리의 삼투압작용과 잎의 광합성작용을 통해 대지로부터 흡수한 강한 생명력과 태양에너지를 그대로 담고 있다. 산야초가 우리 몸에 좋은 이유이다. 무엇보다도 산야초의 가치는 뛰어난 생명력에 있다. 산야초는 자연환경과

늘 부딪치며 살아간다. 이렇듯 자연
의 치열한 생존경쟁은 산야초의 생
명력을 더욱 강하게 만든다. 실례
實例로 재배채소는 뜯은 지 2
~3일만 지나면 시들어 버
리는데, 산야초는 1주일
이 지나도 싱싱함을 유지
한다.

산야초는 또한 재배채소에
비해 월등히 높은 영양소들을
함유하고 있다. 특히 바삐 살아가는 현대인들에게 부족하기
쉬운 각종 비타민과 효소, 무기질, 섬유질 등이 풍부하게 들
어 있다. 따라서 산야초를 오랫동안 고루 섭취하게 되면 각
종 성인병을 예방함은 물론, 치료에도 크게 도움을 받을 수
있다.

산야초는 무엇보다도 혈액 정화능력이 뛰어나다. 장을 비
롯한 내장의 기능을 활발하게 하고 신진대사를 왕성하게 하
여 피를 깨끗하게 해준다. 산야초는 대부분 이뇨와 통경(通經:
월경을 원활하게 함) 성분을 지니고 있으며 해독, 강장, 해열, 진
통 등에도 만병통치약과도 같은 효능을 발휘하는데, 이는 산
야초가 함유하고 있는 다양한 영양소가 복합적인 상호작용

에 의하여 효과를 내기 때문이다.

최근 강원대 식품생명공학부는 산야초의 약리적 효능을 연구하여, 우리나라에서 나는 각종 산야초에는 강한 항암효과가 있다고 발표했다. 국산 산나물 21가지의 즙으로 발암물질의 활성 억제효과를 실험한 결과, 취나물을 비롯한 냉이, 곰취, 씀바귀, 잔대순, 쇠비름, 개미취, 민들레, 질경이 등 10종류는 이들 발암물질의 활성을 80퍼센트 이상 억제하는 것으로 나타났다.

이외에도 각종 임상실험과 체험을 통해 항암효과가 있다고 알려진 산야초로는 돌나물, 닭의장풀, 짚신나물, 쇠뜨기, 뱀딸기, 까마중, 수염가래꽃, 예덕나무, 참빗살나무 등 무려 50여 가지에 이른다.

그러나 우리가 산야초를 대할 때 어떤 병에 효과가 있다는 식으로 약藥의 개념으로만 보아서는 안 된다. 산야초가 치병효과를 발휘하는 것은 산야초의 풍부한 영양소와 섬유질이

복합적으로 상호작용을 해 자연치유력이 강화된 결과이지, 산야초가 가지고 있는 어떤 특정 성분으로 인한 효과만은 아니기 때문이다.

이 책은 산야초 효소(발효액) 담그기를 중점적으로 다루었으나, 각 산야초의 특성상 효소보다 담금주(약술)나 꽃차(약차)로 만들어 복용할 때 더욱 효과를 나타내는 경우에는 술과 차를 만드는 법을 수록하였다. 또한 어떠한 약초라도 대개 효소를 담글 수 있으므로, 자세한 내용은 앞에 실린 '효소 발효액 연구' 글을 참조하기 바란다.

_자연과 함께하는 사람들

Contents

Chapter01 산야초 효소 입문 · 15

Chapter02 봄의 산야초 · 41

Chapter03 당뇨를 이기는 산야초 · 89

•Chapter01•

산야초 효소 입문

산야초와 독초 | 효소에 대해서 | 효소 담그기

산야초와 독초

식물의 일부 또는 전체에 유독한 성분을 함유한 식물을 독초毒草라 한다. 일반인이 독초와 산나물을 구별하기는 쉽지 않으며, 아무리 좋은 산나물이나 약초라 하더라도 안전하다는 확신이 없을 경우 함부로 섭취하지 않는 것이 가장 현명한 방법이다. 독초를 정확하게 구분하기 위해서는 독초에 대한 지식이 필요하다. 이를 위해 사전에 독초의 잎과 꽃, 그리고 열매의 생김새를 파악하는 것이 중요하다.

야생식물을 섭취한 후 복통, 구토, 설사, 어지러움, 경련, 호흡곤란 등의 증상이 나타나면 응급처치를 위해 따뜻한 물을 많이 마시게 하고 토하게 한 뒤, 병원에 가서 치료를 받아야 한다. 섭취한 식물이 남아 있으면 함께 가져가는 것도 좋다. 산나물에 대한 충분한 지식이 없다면 함부로 채취하지

독초인 박새와 독말풀의 모습

않을 것을 권한다. 식품의약품안전청에서 배포한 '산나물의 올바른 섭취방법'도 미리 알아두면 좋다.

독초의 특징

1. 산나물은 대체적으로 향긋하고 독특한 향내를 가지고 있다. 이에 비해 독초는 산나물과 달리 불쾌한 냄새를 지니고 있으며, 독초에 상처를 내면 불쾌한 짙은 빛깔의 액이 나온다. 유독성분을 갖고 있는 고삼이나 광대싸리는 잎을 비비거나 줄기를 꺾으면 역겨운 냄새를 풍긴다. 참죽나무나 강원도의 심산에서 채취하는 왜우산풀도 마찬가지로 역한 향내를 갖고 있다. 이러한 이유로 인해 그 지역 사람이나 일부 사람들만이 즐겨 먹는다. 식물 자체가 좋지 않은 향을 가지고 있

고삼과 광대싸리

다 해서 전부 독초라고 할 수는 없다. 하지만 산나물 채취 시 식물에서 역한 냄새가 난다면 한번쯤 독초로 의심해야 한다.

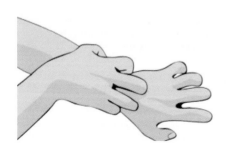

2. 독초의 진을 피부의 연약한 부위에 발라보면 가렵거나 따갑고, 물집 또는 작은 발진이 생기는 등의 반응이 나타난다. 독초로 의심이 간다면 식물을 꺾어 나온 진액을 손목 안쪽에 발라보는 것도 한 방법이다. 피부는 독성에 민감하므로, 피부가 가렵거나 따가운 느낌이 들면 일단 독초로 의심해야 한다.

3. 독초는 대체적으로 맛을 보면 혀끝이 타는 것 같은 강한

자극을 느끼게 되나, 독초를 구분하기 위해 혀끝에 대보거나 맛을 보는 것은 아주 위험한 일이다. 피부에 진액을 바르기만 해도 발진과 통증을 가져오는 맹독성 식물을 혀끝에 대보는 것만으로도 정신을 잃거나 심한 중독현상이 일어날 수 있다. 독초인지 의심스러울 때에는 채취한 식물 위에 곤충이나 벌레를 올려놓고 반응을 살펴보는 것도 한 방법이다.

4. 줄기나 잎을 따서 향긋한 냄새가 나는 것은 식용나물, 역겹거나 안 좋은 냄새가 나는 것은 독초라 할 수 있다. 미나리아재비과의 식물은 대체적으로 독초이다. 맹독성을 지닌 투구꽃, 미치광이풀 등은 여느 식물과 달리 원색의 강렬한 빛을 가진 꽃을 피우며 잎에 윤기가 흐른다.

동의나물 또한 약초인 곰취와 아주 흡사하게 생겼다. 그러나 곰취와 달리 동의나물은 전체가 유난히 번들거리며 윤기

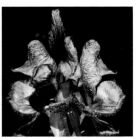

| 미나리아재비 | 동의나물 | 투구꽃 |

가 흐른다. 일단 산나물 잎이나 꽃, 그리고 열매의 색깔이 유난히 윤기가 흐른다면 독초로 의심해 보아야 한다.

5. 벌레도 독초를 먹으면 죽게 되므로 식물의 잎에 벌레 먹은 흔적이 있으면 먹을 수 있는 식물로 볼 수 있다. 독초는 대체적으로 벌레 먹은 흔적이 거의 없다. 그리고 초식동물들은 일반적으로 독성이 없는 풀을 가려 먹는 것으로 알려져

있다. 따라서 벌레 먹은 흔적이 없거나 초식동물이 먹지 않는 식물이라면 대체적으로 독초일 가능성이 높다.

우리나라에서 흔히 볼 수 있는 독초

미치광이풀	천남성	대극
앉은부채	은방울꽃	박새
애기똥풀	꽈리	미나리아재비

산야초 식용

봄의 산야초는 봄철 입맛을 살려줄 뿐만 아니라 신진대사가 활발해지면서 부족해지기 쉬운 비타민, 무기질 등 필요한 영양소를 공급해 봄철 피로감 및 춘곤증을 이기는 데 도움을 준다.

1. 달래, 돌나물, 씀바귀, 참나물, 취나물, 더덕 등은 생으로 먹을 수 있지만 두릅, 다래순, 원추리, 고사리 등은 식물 고유의 독성분을 함유하고 있어 반드시 끓는 물에 데쳐 독성분을 제거한 후 섭취해야 한다. 특히 원추리는 성장할수록 독성분이 강해지므로 반드시 어린순만을 섭취해야 하며, 끓는 물에 충분히 데친 다음 차가운 물에 2시간 이상 담근 후 조리해야 한다.

2. 일부 야초는 잘못 섭취할 경우 식중독을 일으킬 수 있고, 봄철 산행 시 독초를 식용약초로 오인해 섭취하는 경우가 발생하고 있으므로, 산야초에 대한 충분한 지식 없이는 함부로 채취하거나 섭취하지 말아야 한다.

3. 하천변 등에서 자라는 야생 식물은 농약, 중금속 등에 오염되었을지 모르므로 가급적 채취하지 않는 것이 좋다. 주로 생채로 먹는 달래, 돌나물, 참나물 등은 물에 담갔다가 흐

르는 물에 3회 이상 깨끗이 씻은 후 조리하면 잔류농약, 식중독균 등으로부터 안전하다.

4. 보관할 때는 뿌리에 묻어 있는 흙을 제거한 후 비닐이나 뚜껑 있는 용기에 담아 냉장 보관하면 봄나물 특유의 향기와 영양성분을 오랫동안 보존할 수 있다.

산야초 채취

1. 산야초를 채취하는 데는 특별한 장비가 필요 없다.
목장갑을 낀 채 산나물을 담을 봉지나 바구니만 들고 산나물의 잎을 손으로 조심스럽게 뜯어 담으면 된다.

2. 산야초 중 제일 먼저 나는 것은 쑥부쟁이와 두릅이다. 뒤이어 원추리, 취나물, 고비, 홑잎나물 등이 차례로 저지대에서 난다.

3. 고산으로 올라가면 참나물, 모시대, 잔대, 참취, 곰취, 단풍취, 바디나물, 병풍취 등이 있다.

4. 저지대는 4월 중순~5월 초순, 중고지대는 5월 초~5월 하순까지 채취한다.

6월 이후가 되면 나물이 세어져 먹기가 곤란하며, 해발 1천m 이상 고지대의 경우 6월 초순까지 채취할 수가 있다.

산야초 채취 매너

산야초는 혼자만 채취하는 것으로 끝나면 안 된다. 내년에도 채취할 수 있도록 뿌리가 죽지 않게 하여야 하고, 뒤에 오는 사람도 배려해야 한다. 그런 만큼 산야초를 채취할 때도 지켜야 할 원칙이 있다. 씨를 뿌리고 잘 가꾸는 생명보존의 원칙, 자라는 환경을 지켜주는 자연보호의 원칙 등 인간과 산야초가 공존공생할 수 있도록 유념해야 한다.

산나물 채취 시 유의사항

산나물의 이름을 익힌다.	이름을 알면 관심을 갖게 되고, 보다 적극적으로 보호하게 된다.
어린 싹을 밟지 않는다.	발밑을 잘 보고 어린순을 밟지 않도록 한다.
뿌리째 뽑지 않는다.	뿌리를 먹는 것은 별로 없다. 과감히 포기하자. 잎만 적당히 뜯어주면 나물 성장에 큰 도움이 된다.
손으로 딴다.	채취하러 갈 때 호미, 칼은 필요 없다. 물론 필요할 때도 있다. 그러나 손으로 따는 게 산나물을 다치지 않게 한다.
한 잎만 딴다.	한 포기의 잎을 모두 따버리면 산나물이 죽을 수도 있다. 여러 포기에서 조금씩 따자.
필요한 양만큼만 딴다.	내년에도 딸 수 있게 한다.
한번 딴 싹에서 나온 새싹은 마저 따지 않는다.	두릅은 한번 따고 올라온 순을 다시 따면 죽는다.
채취 금지구역을 준수한다.	관리자의 허락을 받아 채취한다.
지나간 흔적을 남기지 않는다.	쓰레기는 다시 가져온다.

산나물 이외의 동물이나 식물도 아끼고 보호한다.

산불 방지를 위하여 산에서 화기 취급을 하지 않는다.

효소에 대해서

1. 효소란 무엇인가?

효소는 물질대사 과정에서 일어나는 생화학 반응을 조절하는 복합단백질을 말한다. 생명체에 꼭 필요한 것으로서, 체내에서 복잡하게 통합되어 일어나는 화학반응의 대부분을 조절한다.

쇠고기를 흡수했을 때 쇠고기 그대로는 체내에 흡수되지 않는다. 효소에 의해 20여 종의 아미노산으로 잘게 분해된 다음 체내에 흡수된다. 생명체의 모든 신진대사는 오직 효소의 활성화에 의해 유지되고, 결국 인체의 건강은 효소의 수치에 따라 결정된다. 또한 효소는 에너지의 저장·방출에도 관여하며, 특정 효소의 결핍으로 많은 유전병이 발병하기도 한다.

인체 내 효소는 그 종류가 3
천여 종일 것으로 추측된다.
몸속에서 일어나는 모든 생화
학 반응을 원활하게 수행하는
생체 촉매로서 탄수화물, 단백
질, 지방, 그리고 비타민, 미네
랄 등등의 온갖 영양소가 활발하게 활동할 수 있도록 한다.

2. 효소의 역할

❋설탕을 과당과 포도당으로 만든다.

설탕은 우리 몸에 해롭다. 설탕을 섭취하면 열량을 쉽게
얻을 수는 있으나, 칼슘이나 미네랄을 소비시켜서 뼈를 약하
게 만든다. 이 때문에 당뇨 환자들에게 당분 섭취를 제한하
는 것이다. 효소는 설탕을 과당과 포도당으로 분해시킴으로
써 혈당지수를 낮추어 준다.

❋재료의 독성을 제거한다.

사람에 따라서 특정 음식에 알레르기 반응을 보이기도 한
다. 이것은 그 음식에 소화를 담당하는 효소가 없다는 것을
의미한다. 효소 발효액을 담그면 그러한 독성들이 없어지는

데, 이는 식물체에 있는 독성을 미생물들이 소화 분해하여 약화시키기 때문이다.

✳영양소를 흡수하기 좋은 상태로 소화 분해한다.

효소는 영양소를 소화 분해하여, 우리 몸의 세포 안에서 일어나는 생명 활동에 적합한 상태로 만들어 준다.

✳몸 안의 장내 환경을 건강하게 한다.

대장과 소장에는 수많은 미생물들이 살고 있다. 그중에는 우리 몸에 유익한 미생물이 있는가 하면, 병을 유발하는 해로운 미생물들도 있다. 잘 발효시킨 효소에는 우리 몸에 유익한 균주들이 가득하게 된다. 효소가 장내에 들어가면, 해로운 균들을 몰아내고 유익한 균들을 자리 잡게 한다. 이렇게 해서 몸의 생체 기능이 좋아지고, 결국 건강한 체질로 바뀌게 되는 것이다.

3. 효소의 작용

✳소화 흡수 작용

음식물이 침과 함께 위장, 소장을 거쳐 몸 안에 들어오면 여러 종류의 효소가 각종 영양소를 분해해 에너지로의 흡수력을 촉진한다.

❋분해 배출 작용

장에 쌓인 찌꺼기와 독소를 분해하여 배설하며, 세포 속의 이물질과 염증물질, 공해물질 등 각종 노폐물도 분해해 땀이나 소변 및 가스를 통해 몸 밖으로 배출시킨다.

❋혈액정화 작용

혈액 중의 노폐물을 몸 바깥으로 내보내고, 염증 등의 독성을 분해해 배출하는 작용을 한다.

❋항염 항균 작용

백혈구를 도와 몸속으로 침입한 세균을 포획, 분해하고 해독시킬 뿐 아니라 항생제 이상의 강력한 살균 작용을 한다.

❋세포 부활 작용

세포의 신진대사를 도와 기본적인 체력을 유지시키고, 상처 받은 세포의 재생을 돕는다.

효소 담그기

1. 설탕

●설탕의 선택

시중에서 판매되는 흑설탕은 캐러멜 색소가 들어 있어, 산야초 효소를 만드는 데는 별로 좋지 않다. 색소를 첨가하지 않은 유기농 흑설탕이나 황설탕, 백설탕을 사용하는 것이 옳다. 원리적으로는 백설탕이 가장 정제가 안 된 것이고, 그 다음으로 황설탕이며, 흑설탕은 가열한 다음 캐러멜 색소를 첨가시킨 것이다. 따라서 백설탕이나, 정제되지 않은 유기농 흑설탕을 사용하는 것이 가장 좋다.

◉설탕의 양

효소 발효액을 만들 때는 설탕이 많이 들어가게 마련이다. 설탕은 분해되어 포도당과 과당이 되고, 일부는 젖산이나 아세트산 등으로 바뀐다. 과일이나 생약 자체의 효소뿐만 아니라 기타 비타민, 항산화 성분들도 추출되므로 완전한 건강식품이라 할 수 있다. 하지만 모든 것은 지나치면 독이 되므로 보통 한번에 1~2순가락, 하루 3번 복용하도록 권장한다. 이 정도라면 당뇨병 환자가 아닌 이상 적당한 양이므로 걱정하지 않아도 된다.

설탕의 양은 대략 재료와 1:1이 적당하다. 그러나 식물에

따라 설탕의 양을 달리해야 한다. 설탕의 양이 부족하면 식물 세포의 삼투압 작용이 어려워져서, 완전한 추출을 하지 못하고 술이나 초가 되는 현상이 생긴다. 때문에 반드시 각 재료마다 적정한 양의 설탕 농도를 찾아야 한다. 설탕의 농도를 찾는 것이 좋은 효소 담기의 시작인 것이다.

◉황금 비율

당 함량이 50%를 넘게 되면 일반 세균이 번식할 수 없는 조건이 된다. 따라서 잡균의 오염을 막기 위해서는 1:1 이상의 함량이 가장 좋다고 할 수 있다. 수분이 많은 과실을 사용 시에는 설탕 함량이 더 들어가야 하고, 수분이 적은 산야초는 1 : 0.7~0.8 정도로 설탕 함량을 낮추어 준다.

◉당뇨환자의 복용

산야초 발효액은 효소가 풍부한 발효음료로서 당뇨환자의 췌장을 쉬게 하고 음식물을 분해하는 데 도움을 주어, 당뇨병에 효능이 좋다. 그러나 지나치게 많이 복용하는 것은 포도당이 다량 공급되어 위험하다. 효소 발효액을 복용할 때는 식이요법과 함께 병행하는 것이 가장 좋은 섭취 방법이다.

2. 발효

◉기간

최소 6개월 내지 1년 정도 소요된다. 연구실에서 실험을 하면 함량을 체크하여 어느 정도 발효가 되었는지 알 수 있지만, 가정에서는 그렇게 할 수 없기 때문에 충분한 기간이

지난 후 복용하는 것이 가장 좋은 방법이다. 효소 발효액은 식물이 가진 진액을 얻기 위해 담는 것만은 아니다. 원재료가 가지고 있는 성분들을 추출하여 얻어내는 것 말고도 유익한 균주를 배양하는 것도 중요하다. 이 배양하는 과정에서 균주들의 활동으로 발효액이 변화를 가져오게 된다.

◉배양

균주의 활동에 따라서 그 결과물이 달라진다. 좋은 균주가 배양이 되면 발효가 되고, 나쁜 균주가 배양이 되면 부패하게 된다. 이러한 것을 좌우하는 요소가 설탕의 농도와 발효시키는 온도이다. 설탕 농도와 온도를 잘 맞춰 주었다면, 일단 술이나 초가 되는 일은 없다.

◉부패 방지

좋은 효소를 얻기 위해 신경 써야 할 중요한 일은 부패하지 않게 하는 일이다. 부패란 쉽게 말하면 썩는 것이다. 말 그대로 독을 만드는 일이다.

부패는 발효액 위로 떠오른 원재료에서 일어난다. 따라서 원재료는 발효액에 꼭 잠겨 있도록 해야 하므로, 무거운 돌 같은 것으로 눌러주어야 한다. 발효액 아래 온전히 잠겨 있게 하지 않으면 부패되기 십상이다.

◉공기와의 관계

김치는 공기와 접촉하면 산소와 결합하여 산화되기 때문에 맛이 없어진다. 장류나 젓갈류를 담글 때도 마찬가지이다. 효소를 발효시키려면 공기와의 접촉을 잘 막아야 한다. 그렇게 해야 몸에 좋은 균이 생성되어 잘 발효하게 된다. 우리의 장내腸內 환경은 혐기성(嫌氣性:산소를 싫어하는 성질)이다. 혐기성 균주로 발효를 했을 때에 효소의 균주가 활동을 더 잘할 것은 불을 보듯 뻔하다.

3. 산야초 효소 담그기

5월부터 10월 사이에 산과 들에서 나는 산야초나 약초, 과일, 채소들 중에서 열매, 뿌리, 잎 등을 직접 채취하거나 약초시장이나 농수산물 시장에서 재료를 구입하여 집에서 발효·숙성시켜서 만들 수 있다. 재료의 종류와 설탕의 양 그리고 온도에 따라 발효 기간이 각각 다르기 때문에 몇 번의 경험을 거쳐야 만드는 요령이 터득되지만, 어려운 일은 아니다.

❀재료 |산야초, 황설탕 또는 백설탕, 대야, 용기, 누름돌, 한지, 저울, 도마, 칼,

고무줄

- 채취한 산야초를 깨끗하게 씻는다.
- 그늘에서 말려 물기를 제거한 산야초를 3~5㎝ 길이로 자른다.
- 산야초와 설탕을 저울에서 해당비율로 계량한다. 재료의 종류와 혼합하는 설탕의 비율은 거의 1:1로 한다.
- 물은 넣지 않고 산야초와 설탕을 큰 용기에서 골고루 혼합한다.
- 혼합된 재료를 발효용기에 꼭꼭 눌러 담은 후 뚜껑을 덮는다.
- 발효용기는 외부와 내부의 온도 편차가 적고 공기소통이 잘되는 항아리가 가장 좋으나, 스텐용기나 입구가 큰 유리용기를 사용해도 무방하다.
- 내용물이 많으면 발효과정에서 넘치므로 용기의 2/3 정도만 넣는다.
- 내용물이 발효액 위로 뜨면 부패하니, 내용물이 발효액에 잠기도록 누름돌로 눌러준다.
- 가라앉은 설탕은 다 녹을 때까지 2~3일에 한 번씩 골고루 뒤집거나 흔들어서 녹인다.
- 직사광선이 들지 않고 통풍이 잘되는 선선한 곳에서 숙성시킨다.

◉산야초 효소의 영양성분

산야초 효소에는 사과보다 비타민 A가 천 배, 비타민 B1 60배, 비타민 B2 30배, 비타민 B3 만 배, 그리고 토코페롤이라 부르는 비타민 E가 920배나 많이 함유되어 있다. 비타민 B는 갱년기나 우울증 환자에게 처방전으로 쓰이고 있는 중요한 비타민이다.

미네랄의 경우도 토마토보다 칼슘 10배, 인 5배, 칼륨 10배, 철 30배, 나트륨 15배, 마그네슘 7배 이상 함유되어 있다. 미네랄이 풍부하면 몸의 균형을 유지하고 골격 및 연골조직이 정상적으로 활동하는 데 큰 도움을 받는다. 또한 체내에서 합성할 수 없는 아미노산인 필수 아미노산이 풍부하게 들어 있다.

✳산야초 효소의 주요 재료 |마늘, 양파, 생강, 여주, 오디, 조릿대, 솔잎, 질경이, 민들레, 쑥, 쇠비름, 씀바귀, 더덕, 산수유, 오미자, 구기자, 가시오갈피, 청미래덩굴, 도라지, 매실, 용담, 다래, 복분자, 칡뿌리, 죽순, 천마, 느릅나무, 골담초, 꽃향유, 곰취

· Chapter02 ·

봄의 산야초

01

쑥(국화과)

❀학명: Artemisia princeps var. orientalis
❀생약명: 애엽(艾葉) ❀다른 이름: 의초, 약애

- 분포지역: 전국 각지
- 서식장소: 양지바른 풀밭
- 크기: 60cm 정도
- 형태: 국화과에 속하는
  여러해살이 풀
- 채취시기: 봄~여름
- 개화시기 : 7~9월

우리나라 산과 들 양지바른 곳에서 자생하는 다년초로서 그 종류만도 30여 가지가 넘는다. 어린 애쑥을 식용하며, 효능은 음력 단오가 적기이다. 여러 가지 형태로 조리하거나 뜸과 목욕제 등으로 뛰어난 약성이 있는 민초이다. 오래 묵은 것일수록 효능이 좋으며, 생것은 성질이 차고 말린 것은 따스하다.

::채취
1. 어린순은 4월부터.
2. 약재로 쓰는 것은 음력 5월 단오에 채취한 것이 가장 효과가 좋다.

::식용
줄기와 잎자루는 약용, 어린잎은 식용으로, 잎은 뜸을 뜨는 데 쓰인다.

::효능
항균, 항암효과, 암 예방, 각종 부인병, 생리통 개선, 자궁을 따뜻하게 하는 효과, 성인병 예방, 피부염, 가려움증 개선 효과 등이 있다.

::효소 담그기
- 쑥과 설탕을 1:1 비율로 준비한다.
- 쑥을 깨끗하게 씻어서 물기를 털고 그늘에서 말린다.
- 적당한 크기로 잘라서 항아리에 넣는다.
- 설탕을 넣은 후 골고루 섞어주면서 꾹꾹 눌러준다.
- 항아리 입구를 밀봉한 후 서늘한 곳에서 1차 숙성(1개월)을 한다.
- 숙성 기간의 초반에는 며칠에 한 번씩 설탕과 쑥을 골고루 섞어준다.
- 1개월이 지난 후 쑥을 건져내고 발효액을 약 6개월 정도 2차 숙성시킨 다음, 기호에 맞게 음용한다.

02

春

민들레(국화과)

❀학명: Taraxacum platycarpum
❀생약명: 포공영(蒲公英) ❀다른 이름: 지정, 포공초, 금잠초

• 분포지역 : 전국 각지
• 서식장소 : 들판의 풀밭이나 길가
• 크기 : 30cm 정도
• 형태 : 국화과의 여러해살이 풀
• 채취시기 : 봄
• 개화시기: 4~5월

잎이나 꽃줄기 및 뿌리를 자르면 우유 같은 흰 즙액이 나온다. 높이는 30cm 정도이고, 뿌리는 깊고 길게 자란다. 잎은 뿌리에서 나며 둥그런 방석 모양으로 배열되어 있다. 가장자리에 연한 자색 반점이 있으며, 실 같은 흰털이 나 있다. 개화기는 4~5월인데, 뿌리 잎 사이에서 꽃줄기가 나와서 그 끝에 노란색 또는 흰색의 꽃송이가 하늘을 향해 핀다.

::채취

봄부터 여름 사이 꽃 피기 전이나 꽃 핀 직후에 뿌리까지 뽑아서, 흙을 깨끗이 털어내고 물에 씻어 햇볕에 말린다.

::식용

1. 어린잎은 국거리나 나물로 무쳐 먹는다.
2. 뿌리는 된장에 박아 두었다가 장아찌로 먹고 김치를 담가서 먹는다.
3. 꽃이나 뿌리는 술을 담가 먹는다.

::효능

위염을 다스리고 암세포를 죽이며, 간을 보호하고 머리카락을 검게 만든다.

::효소 담그기

- 민들레와 황설탕을 1:1 비율로 준비한다.
- 민들레는 씻어서 물기를 약간 빼고 잘게 썰어서 항아리에 넣는다.
- 설탕을 넣은 후 골고루 섞어주면서 꾹꾹 눌러준다.
- 항아리 입구를 밀봉한 후 서늘한 곳에서 100일 동안 발효시킨다.
- 때때로 설탕과 민들레를 골고루 섞어준다.
- 민들레를 건져내고 발효액을 6개월 정도 2차 숙성시킨 후 음용한다.

03

春

냉이(십자화과)

❀학명: Capsella burapastoris
❀생약명: 제채(薺菜) ❀다른 이름: 나생이, 나숭개

• 분포지역: 전국 각지
• 서식장소: 낮은 들판이나 밭
• 크기: 20~45cm 정도
• 형태: 십자화과의 두해살이 풀
• 채취시기: 봄
• 개화시기: 5~6월

들이나 밭에서 자란다. 전체에 털이 있고, 줄기는 곧게 서며 가지를 친다. 5~6월에 흰색 꽃이 핀다. 어린 순잎은 뿌리와 더불어 이른 봄에 흔하게 먹을 수 있는 나물이다. 한방에서는 냉이의 뿌리를 포함한 모든 부분을 제채薺菜라 하여 약재로 쓰는데, 꽃이 필 때 채취하여 햇볕에 말리거나 생풀로 쓴다. 말린 것은 쓰기에 앞서서 잘게 썬다. 한국을 비롯하여 세계의 온대 지방에 분포한다.

::채취
냉이는 하우스에서 대량 재배한 것보다 이른 봄 들이나 산에서 저절로 자라난 것이 향이 좋고 맛있다.

::식용
1. 냉이국, 냉이회, 냉이무침 등.
2. 냉이국은 뿌리도 함께 넣어야 맛이 된장과 잘 어울린다.

::효능
1. 뿌리와 잎은 특히 부인병과 위장질환에 좋고 간을 튼튼하게 한다.
2. 고혈압에도 탁월한 효능을 발휘한다.

::효소 담그기
- 냉이와 설탕을 1:1 비율로 준비한다.
- 냉이는 땅에 붙어사는 식물이라 깨끗하게 씻어서 그늘에서 말린다.
- 잘게 썬 냉이와 설탕을 켜켜이 넣은 후 골고루 섞어주면서 꾹꾹 눌러준다.
- 항아리 입구를 밀봉한 후 서늘한 곳에서 3개월 정도 1차 숙성한다.
- 숙성기간 동안 초기관리에 신경을 쓰면서 중간에 섞어주기를 한다.
- 냉이를 건져내고 6개월 정도 2차 숙성시킨 후 음용한다.

쓴바귀(국화과)

❀학명: Ixeris dentata
❀생약명: 고채(苦菜) ❀다른 이름: 쓴귀물, 싸랑부리, 쓴나물, 싸랭이

• 분포지역: 전국 각지
• 서식장소: 산과 들
• 크기: 25~35cm 정도
• 형태: 국화과의 여러해살이 풀
• 채취시기: 봄
• 개화시기: 4~5월

위장에 좋고 피를 맑게 한다 해서 예로부터 즐겨 먹던 풀이다. 산과 들에서 흔히 자라며 높이는 25~50cm 정도이다. 줄기는 가늘고 위에서 가지가 갈라지며, 자르면 쓴맛이 나는 흰 즙이 나온다. 뿌리에 달린 잎은 뭉쳐나며 꽃이 필 때까지 남아 있다. 잎자루가 있으며 끝이 뾰족하고, 가장자리에 이 모양의 톱니가 있거나 깊이 패어 들어간 흔적이 있다. 성인병 예방에 탁월한 효과가 있는 것으로 알려져 주목을 끈다.

::채취

이른 봄, 들이나 산에서 저절로 난 뿌리와 어린순을 딴다.

::식용

1. 봄철에 데쳐서 양념무침으로 먹는다.
2. 소금물에 쓴맛을 뺀 후 양념을 하여 김치를 담근다.

::효능

1. 항암, 고혈압, 간경화, 골수암 세포억제, 해독작용.
2. 설사를 멎게 하고 부기를 가라앉힌다.
3. 뱀에 물린 상처나 요로결석을 치료한다.

::효소 담그기

• 씀바귀는 손질하는 데 시간이 오래 걸리니 주의하자.
• 씀바귀와 설탕을 1:1 비율로 준비한다.
• 우선 전체 설탕량의 2/3로 버무린다.
• 항아리나 용기에 넣은 후 나머지 설탕을 골고루 넣는다.
• 용기 입구를 밀봉한 후 서늘한 곳에서 3개월 정도 1차 숙성한다.
• 숙성기간 동안 초기관리를 잘하면서 중간에 섞어주기를 한다.
• 씀바귀를 건져내고 6개월 정도 2차 숙성시킨 뒤 음용한다.

참취(국화과)

❀학명: Aster scaber Thunb.
❀생약명: 동풍채(東風菜) ❀다른 이름: 나물취, 암취

• 분포지역: 전국 각지
• 서식장소: 산이나 들의 초원
• 크기: 1~1.5m 정도
• 형태: 국화과의 여러해살이 풀
• 채취시기: 봄~여름
• 개화시기: 7~8월

우리나라 각처의 산이나 들에서 자란다. 생육환경은 반그늘의 습기가 많은 비옥한 토양이다. 키는 약 1~1.5m이고, 뿌리에서 나온 잎은 잎자루가 길고 심장형이며 길이 9~24cm, 폭 6~18cm로 거칠고 양면에 털이 있고 꽃이 필 때쯤 없어진다. 줄기 끝으로 갈수록 잎의 크기는 작고 좁아진다. 꽃은 백색이며 지름이 1.8~2.4cm로 가지 끝과 원줄기 끝에 핀다.

:: **채취**

이른 봄, 또는 늦가을에 들이나 산에서 뿌리와 어린순을 딴다. 뿌리는 말려서 잘게 썬다.

:: **식용**

1. 데쳐서 양념무침으로 먹는다.
2. 넓은 잎사귀는 쌈으로 먹어도 좋다.

:: **효능**

1. 혈액 최대의 적인 지방, 중성지방, 콜레스테롤을 낮춘다.
2. 혈전 예방 효과가 뛰어나서 관상동맥질환을 예방해준다.
3. 이뇨제, 보익제로 쓰며 방광염, 두통, 현기증 치료에 사용한다.

:: **효소 담그기**

• 참취를 산중턱의 양지바른 곳에서 채취한다.
• 취나물은 씻을 때 간단히 헹궈주는 정도로 씻는다.
• 설탕은 1:1의 비율로 층층이 재운다.
• 설탕이 촉촉해지면 버무리듯이 뒤적여준다.
• 항아리의 입구를 밀봉한 후 서늘한 곳에서 3개월 정도 숙성한다.
• 내용물을 건져내고 1년 정도 2차 숙성시킨 뒤 음용한다.

06

春

삼지구엽초(매자나무과)

❀학명: Epimedium koreanum Nakai
❀생약명: 음양곽(淫羊藿) ❀다른 이름: 선약초, 선령비, 강전

- 분포지역: 전국 각지
- 서식장소: 높은 산의 바위틈
- 크기: 25~35cm 정도
- 형태: 매자나무과의 여러해살이 풀
- 채취시기: 봄~여름
- 개화시기: 4~5월

산지의 나무 그늘에서 자란다. 늦봄에 꽃을 피우고 씨를 맺지만, 뿌리로 번식한다. 뿌리줄기는 옆으로 뻗고 잔뿌리가 많이 달린다. 높이가 30cm쯤에 가늘고 털이 없으며, 밑 부분은 비늘 모양의 잎으로 둘러싸인다. 줄기의 가지가 3개로 갈라지고 그 가지 끝에 각각 3개씩, 모두 9개의 잎이 달려서 삼지구엽초三枝九葉草라고 한다. 뿌리에서 나온 잎은 뭉쳐나고 잎자루가 길다. 줄기에 달린 잎은 끝이 뾰족하며, 가장자리에 털 같은 잔 톱니가 있다.

::채취
1. 초여름에 채취하여 그늘에서 말려 약으로 쓴다.
2. 높은 산 바위틈에 자라는 것이 효과가 좋다.

::식용
몸에 열이 많은 사람은 너무 많이 먹지 않는 것이 좋다. 소양 체질의 사람이 많이 먹으면 어지럼증, 구토, 코피가 나는 등의 부작용이 있을 수 있다.

::효능
1. 성기능을 높이고 뼈와 근육, 힘줄을 튼튼하게 한다.
2. 소변을 잘 나가게 하고 혈압을 낮추며 저혈압, 당뇨병, 심근경색, 신경쇠약 등에도 효험이 있다.

::차 만들기
• 건조된 삼지구엽초 전초 20g을 물 2ℓ에 넣고 끓인다.
• 물이 끓으면 약한 불에 놓고 10~15분 가량 더 끓인다.
• 너무 오랫동안 끓이면 특유의 향과 약효를 잃을 수 있다.
• 쓰고 떫은 맛이 싫다면 끓일 때 감초, 대추 등을 첨가한다.
• 끓여낸 차는 밀봉된 용기에 담아 냉장 보관한다.
• 여름에는 시원하게, 겨울에는 따뜻하게 음용한다.

07
春

곰취(국화과)

❀학명: Ligularia fischeri
❀생약명: 호로칠(胡蘆七) ❀다른 이름: 웅소, 마제엽, 북탁오, 곰달네

• 분포지역: 전국 각지
• 서식장소: 고원이나 깊은 산의 습지
• 크기: 1~2m 정도
• 형태: 국화과의 여러해살이 풀
• 채취시기: 봄
• 개화시기: 4~5월

곰이 겨울잠에서 깬 후 영양분을 섭취하기 위해 먹는 나물이라 해서 곰취라고 부른다. 고원이나 깊은 산의 습지에서 자란다. 높이는 1~2m 정도이다. 뿌리줄기가 굵고 털이 없다. 뿌리에 달린 잎은 길이 9cm에 큰 심장 모양으로 톱니가 있다. 7~9월에 줄기 끝에 지름 4~5cm의 노란색 설상화가 핀다. 나물의 제왕이라 불릴 정도로 맛이 좋으며 참취, 참나물과 함께 취나물 중에서는 알아주는 산나물이다.

곰취

동의나물
(곰취와 비슷하게 생긴 독초)

::채취
산나물 뜯기가 한창인 5월 중순쯤.

::식용
1. 어린 잎새는 따서 생으로 쌈을 싸 먹는다.
2. 식성에 따라 끓는 물에 살짝 데쳐 초고추장을 찍어 먹는다.
3. 억세진 곰취 잎은 간장 또는 된장 장아찌를 담가 먹는다.

::효능
1. 곰취의 메탄올 추출물이 폐암과 위암 세포를 90% 억제한다.
2. 각종 영양소가 많아 산성체질 개선과 노화 방지를 돕는다.
3. 한방에서는 기침, 천식 및 감기의 치료제로 이용한다.

::효소 담그기
• 곰취와 설탕을 1:1 비율로 준비한다.
• 3개월간 1차 숙성 후 걸러낸다.
• 1~2년 이상 2차 숙성을 시키면 아주 좋은 약성을 지닌다.
• 오랜 숙성을 거쳐야 약성이 높아진다.
• 효소1 : 물5 비율로 음용한다.

꿀풀(꿀풀과)

⊛학명: Prunella vulgaris var. lilacina Nakai

⊛생약명: 하고초(夏枯草) ⊛다른 이름: 가지골나물, 꿀방망이, 양호초

- 분포지역: 전국 각지
- 서식장소: 산기슭의 볕이 잘 드는 풀밭
- 크기: 20~30cm 정도
- 형태: 꿀풀과의 여러해살이 풀
- 채취시기: 늦은 봄
- 개화시기: 5~6월

꿀풀은 4대 항암제에 들어가며, 갑상선에도 탁월한 효능을 지녔다. 산기슭의 볕이 잘 드는 풀밭에서 자생하는 식물로, 5~7월에 붉은 자줏빛 또는 분홍빛의 꽃이 핀다. 꽃이 꿀을 많이 머금고 있어 꿀풀이라 하는데, 꽃이 핀 후 여름에 말라 검은색으로 변하기 때문에 하고초라 부르기도 한다. 전체에 짧은 흰 털이 흩어져 나며, 높이는 30cm 정도이다.

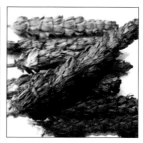

::채취
꽃과 전초는 늦은 봄~초여름에 채집하여 그늘에 말리고, 뿌리는 수시로 캐내 햇볕에 말린다.

::식용
1. 새순과 어린잎은 데쳐서 쓴맛을 우려낸 후 나물로 먹는다.
2. 한방에서는 식물체 전체를 말려서 약용한다.

::효능
1. 강장, 고혈압, 자궁염, 이뇨, 해열, 월경 불순 등에 좋다.
2. 간을 맑게 해주고 뭉친 근육을 풀어준다.
3. 생잎은 찧어서 타박부위에 붙이면 통증이 가라앉고 부기가 빠진다.

::효소 담그기
• 꿀풀과 설탕을 1:1 비율로 준비한다.
• 준비한 야초는 이물질이 남지 않도록 깨끗이 씻는다.
• 전체 설탕량의 2/3로 버무리는데, 즙액이 나올 때까지 골고루 섞어준다.
• 버무린 재료를 항아리나 용기에 넣은 뒤 남은 설탕으로 덮는다.
• 용기 입구를 밀봉한 후 서늘한 곳에서 약 3개월 정도 발효시킨다.
• 효소를 20일에 한 번씩 위아래로 뒤집어 설탕을 녹인다.
• 숙성기간 1년이 지난 후 효소1 : 물5의 비율로 음용한다.

09

春

삼백초(삼백초과)

❀학명: Saururus chinensis (Lour.) Baill.
❀생약명: 백화(白花) ❀다른 이름: 천성초, 수목통, 삼엽백초

- 분포지역: 제주도와
  지리산 일부지역
- 서식장소: 산과 들
- 크기: 50~100cm 정도
- 형태: 삼백초과의 오래살이 풀
- 채취시기: 봄
- 개화시기: 6~9월

꽃, 잎, 뿌리가 백색으로 변한다고 해서 삼백초라 부른다. 남부지방의 습기가 많은 계곡, 바람이 잘 통하는 반그늘인 곳에서 자란다. 키는 50~100cm 정도로 긴 타원형인 잎이 어긋나게 난다. 잎 표면은 연한 녹색이고, 뒷면은 백색이며 뾰족하

고 가장자리 형태는 밋밋하다. 열매는 9~10월경에 꽃망울에 한 개씩 둥글게 달린다. 꽃을 포함한 잎과 줄기, 뿌리를 약재로 쓴다. 잎이 하얗게 변했다가 다시 초록색으로 되돌아오는 특이한 식물로, 병충해가 없는 깨끗한 식물이다.

:: **채취**

대개 10월 하순에 수확하는 게 관행이나, 6월 하순부터 10월 하순까지 수확이 가능하다.

:: **식용**

1. 프라이팬에 넣고 참기름이나 들기름 등을 식성대로 첨가하여 볶는다.
2. 포도주를 부어 담근 삼백초 와인은 식욕증진제와 변비에 아주 좋다.
3. 불고기를 잴 때 양념장에 넣으면 육식의 해로움을 줄일 수 있다.

::효능

1. 폐암, 위암, 간암의 예방 및 치료에 효과가 탁월하다.
2. 차로 마시면 모세혈관이 튼튼해지고 콜레스테롤 수치가 낮아진다.
3. 해독작용, 이뇨작용, 신장염, 부종, 간염, 간경화, 동맥경화, 변비, 당뇨 등 각종 성인병의 예방과 치료에 주목할 만한 효과가 있다.

::효소 담그기

- 삼백초 뿌리와 잎을 따서 씻은 뒤 물기를 완전히 뺀다.
- 삼백초와 설탕을 1:1 비율로 한 켜씩 항아리나 용기에 담는다.
- 항아리에 다 담은 뒤 설탕을 충분히 덮어둔다.
- 선선한 장소에서 3개월간 숙성한 후 효소 발효액만 따로 항아리에 담는다.
- 내용물을 건져낸 발효액을 1년 정도 더 숙성시킨 뒤 음용한다.

✖산야초 효소의 상식

Q. 산야초 효소 발효액을 담글 때 반드시 설탕을 사용해
   야 하나? 설탕은 건강에 해롭다는데, 설탕 대신 올리
   고당을 사용한다면?

A. 설탕이 사탕수수 속에 들어 있을 때에는 식물 속의 과
   당이기 때문에 효소가 살아 있다. 그러나 열을 가해
   설탕을 추출하는 과정에서 효소가 죽어버린 자당으로
   변해버린다. 효소 성분이 사라진 설탕을 먹으면 소화
   과정에서 많은 소화효소를 필요로 하기 때문에, 우리
   몸의 미네랄을 많이 소모시킬 수밖에 없다.
   그러나 설탕을 효소가 살아 있는 산야초와 섞으면 발
   효되면서 다시 천연당인 과당으로 바뀌기 때문에, 건
   강에 나쁘지 않다. 굳이 올리고당을 쓸 필요는 없다.

10

春

애기똥풀(양귀비과)

❀학명: Chelidonium majus var. asiaticum
❀생약명: 백굴채(白屈菜) ❀다른 이름: 까치다리, 씨아똥

• 분포지역: 전국 각지
• 서식장소: 마을 근처 양지바른 곳 또는 약간 그늘지는 자리
• 크기: 30~80cm 정도
• 형태: 양귀비과의 두해살이 풀
• 채취시기: 봄~여름
• 개화시기: 5~8월

잎이나 줄기를 자르면 갓난아기의 무른 똥처럼 노란 액이 나온다고 해서 애기똥풀이라 부른다. 전국 어디에서도 흔하게 자생하며 살균, 진통 효과가 뛰어나 관절염 치료제로 많이 사용한다. 꽃을 포함한 줄기와 잎을 약으로 쓰지만 너무 많이 과용하면 부작용으로 경련, 점막의 염증, 눈동자의 마비, 혼수상태, 호흡마비가 올 수 있다. 이때에는 위를 씻어내고 설사약을 먹어서 독성분이 몸 밖으로 빠져나가도록 해야 한다.

::채취

꽃이 피는 5~7월에 채취
하여 통풍이 잘 되는 곳에
서 말린다.

::식용

노란 즙을 사마귀가 난 곳에 바르면 사마귀를 없앨 정도의 독성이 있
어서 약으로는 쓰지만, 녹즙의 원료로는 이용할 수 없다. 애기똥풀은
식물체 내에 독성이 있기 때문에 함부로 먹어서는 안 된다. 어린순을
나물로 먹기도 하지만, 독성이 있기 때문에 전문가와 상담한 후 먹는
것이 좋다.

::활용 및 효능

1. 옻이 올라 피부가 가려울 때   애기똥풀 생즙 5cc, 박하 생즙 9cc
를 알코올 3cc에 섞어서 국소에 바른다. 옻 피부염 환자 38명을 위
의 방법으로 치료한 결과 가려운 느낌은 2~3일 사이에 멎었고 부종,
물집, 고름, 진물 등의 증상은 일주일 안에 없어졌다. (고려의학 제2권
164p 참조)

2. 무좀   애기똥풀 100g에 끓인 물 1ℓ를 붓고 20분 정도 우려낸 후
대야에 붓고 더운물을 타서 15~20분 동안 놓아둔다. 이 물로 무좀이
있는 발을 10번 정도 찜질하면 낫는다. (건강 상식문답 478p 참조)

3. 사마귀   신선한 즙액을 면봉에 묻혀 환부에 바른다. 1일 3회, 1회
에 5~15분 동안씩 반복한다.

11 쇠무릎(비름과)

春

❀학명: Achyranthes japonica

❀생약명: 우슬(牛膝) ❀다른 이름: 쇠물팍, 접골초, 고장근

- 분포지역: 전국 각지
- 서식장소: 산과 들
- 크기: 50cm~1m 정도
- 형태: 비름과의 여러해살이 풀
- 채취시기: 봄
- 개화시기: 7~9월

다소 습기가 있는 곳에서 자란다. 키는 1미터쯤 자라고, 줄기는 네모 졌다. 통통한 마디의 생김새가 마치 소의 무릎과 같다 하여 우슬이라는 이름이 붙었다. 쇠무릎은 산기슭, 길섶, 들판의 습하고 기름진 땅에서 널리 자란다. 너무 흔하여 무심히 지나치기 일쑤이지만, 건강을 지키는 데 큰 도움을 주는 산야초이다.

::채취

줄기와 잎은 늦봄이나 초
여름에 채취하고 뿌리는
가을에 채취, 수염뿌리를
제거한 후 그늘에 말린다.

::식용

어린순은 나물로 먹고, 뿌리는 달여서 먹거나 술을 담근다. 민간요법
에서는 뿌리를 임질약과 두통약으로 쓴다.

::효능

1. 물로 달여서 꾸준히 복용하면 무릎이 붓고 쑤시고 아픈 통증을 멎
   게 하고, 관절과 그 주위의 염증을 가라앉힌다.
2. 생것을 쓰면 어혈과 종기를 없앨 수 있다. 어혈을 제거해줌으로써
   생리불순, 산후복통을 낫게 한다.

::우슬주 담그기

1. 깨끗이 씻은 우슬을 잘게 부숴 용기에 넣는다.
2. 소주를 붓고 밀봉하여 선선한 곳에서 보관한다.
3. 이틀에 한번 정도 잘 흔들어준다.
4. 열흘 뒤 찌꺼기를 걸러낸 다음 새로운 야초 20g 정도와 설탕을 약
   간 넣은 후, 다시 선선한 곳에 보관한다.
5. 두 달이 지나 우슬액이 적갈색이 되면 찌꺼기를 걸러내어 마신다.
6. 복용은 1일 1~2회, 1회 복용량은 소주잔으로 반잔에서 한잔을 넘
   지 않도록 하며 식전에 마시는 것이 좋다.

12 할미꽃(미나리아재비과)

春

⊛학명: Pulsatilla koreana Nakai
⊛생약명: 백두옹(白頭翁) ⊛다른 이름: 할미씨까비, 주리꽃, 고냉이쿨

• 분포지역: 전국 각지
• 서식장소: 산과 들판의 양지
• 크기: 30~40cm 정도
• 형태: 미나리아재비과의 여러
  해살이 풀
• 채취시기: 봄
• 개화시기: 3~4월

흰 털로 덮인 열매 덩어리가 할
머니의 하얀 머리카락같이 보인
다 해서 할미꽃이라 부른다. 다
자라면 높이 40cm에 이르는 여
러해살이 풀로, 뿌리는 굵고 흑
갈색이다. 꽃은 3~4월에 잎 가
운데서 꽃줄기가 나와서 그 끝에 1개씩 피운다. 열매에 남아
있는 4cm 정도의 암술대에 깃꼴의 퍼진 털이 많다. 할미꽃 뿌
리는 독이 있으므로, 절대로 많은 양을 먹어서는 안 된다.

::이용 및 효능

1. 물에 끓인 뒤 연하게 하여 하루 3회 정도 음복하면, 몸의 붓기를 가라앉히고 소변 배출을 원활하게 한다.
2. 뿌리를 잘 말렸다가 가루 내어 한번에 2~3그램씩 하루 3회, 3주 동안 복용하면 만성위염이 낫는다.
3. 뇌질환, 신경질환, 뇌경색 등에 효능이 있는 약초이지만, 반드시 전문가와 상담하고 소량을 사용하여야 한다.

::할미꽃차 만들기

1. 할미꽃을 깨끗이 씻어 물기를 뺀다.
2. 한지를 깔고 하루 정도 잘 말린다.
3. 잘 마른 할미꽃을 증기로 1분 정도 씌워준 다음 그늘에서 말린다.
4. 적당히 말랐다고 생각되면 밀폐용기에 담아 보관한다.
5. 말린 꽃 한 송이를 찻잔에 넣고 끓는 물을 부어 잘 우려내어 마신다.

::금기사항

1. 할미꽃에는 강한 독성이 있으므로 반드시 복용량을 지켜야 한다.
2. 생것을 먹거나 나물로 먹으면 절대로 안 된다.
3. 임산부는 복용을 삼간다.

지칭개(국화과)

❀학명: Hemistepta lyrata Bunge
❀생약명: 이호채(泥胡菜) ❀다른 이름: 지칭개나물, 야고마, 지치광이

• 분포지역: 전국 각지
• 서식장소: 밭과 들
• 크기: 60~80cm 정도
• 형태: 국화과의 두해살이 풀
• 채취시기: 봄~여름
• 개화시기: 5~7월

밭이나 들에서 자란다. 줄기는 곧게 서고 높이가 60~80cm이며, 5~7월에 자주색 꽃이 핀다. 뿌리에서 나온 잎은 꽃이 필 때 말라 없어진다. 가지와 줄기 끝에 꽃자루가 없는 작은 꽃이 모여 피어 머리 모양을 이룬다. 지칭개는 꽃이 필 때 꽃모양이 엉겅퀴, 조뱅이, 방가지똥, 뻐

꾹채와 비슷하여 구별하기 어렵지만, 잎의 뒷면이 쑥과 비슷하여 잎으로 구별 가능하다. 지칭개는 이호채泥胡菜라고도 하며, 잎과 뿌리를 약으로 쓴다.

::채취
이른 봄에 겨울에 난 싹을 뿌리째 캔다.

::식용
겨울을 견디고 나온 봄나물의 뿌리는 약이 된다. 봄철 어린 순은 뿌리와 함께 생으로 먹거나, 삶아서 무쳐 먹는다. 맛은 냉이와 비슷하다. 하루쯤 물에 담가 쓴맛을 우려내고 된장국을 끓여 먹어도 좋다.

::효능
1. 유방염, 종기, 외상출혈, 악창, 골절, 치루 등에 탁월하다.
2. 외상출혈이나 골절상에는 환부에 잎과 뿌리를 짓찧어 바른다.
3. 뿌리를 제외한 전채를 달인 물로 환부를 닦으면 치루에 좋다.

::효소 담그기

- 3~4cm로 자른 지칭개와 설탕을 1:1 비율로 준비한다.
- 준비한 대야에 지칭개와 설탕 1/3을 넣고 버무린다.
- 항아리나 용기에 버무린 지칭개를 담고 그 위에 설탕 1/3을 덮는다.
- 처음 보름 동안 매일 뒤섞어주며 나머지 설탕을 부어준다.
- 6개월 동안 발효시킨 후 걸러서 효소 발효액만 다시 6개월 숙성시킨다.
- 효소와 생수의 비율을 1:3으로 복용하되, 기호에 따라 물의 양을 조절해도 좋다.

::주의

1. 산야초를 버무리는 동안 항상 초파리나 벌레의 접근을 조심해야 한다.
2. 효소가 발효되면 폭발할 위험이 있다. 뚜껑을 돌려서 꽉 막은 후 살짝 열어주면, 발효 중에 생기는 이산화탄소를 배출할 수 있다.
3. 숙성기간 동안 자주 섞어주기를 해주어야만 산야초가 설탕을 충분히 먹어 곰팡이와 부패를 막을 수 있다.

❀산야초 효소의 상식

Q. 효소 발효액을 담은 뒤 누름돌로 눌러놓지 않아서인
   지 윗부분에 곰팡이가 피어버렸다. 버려야 할까?

A. 그것은 곰팡이가 아니다. 정확히 '뜸팡이'라 부르는 것
   으로, 효소 윗부분에 설탕이 부족해 부분적으로 발효
   가 너무 빨리 되어 생기는 현상이다. 김치가 발효될
   때 윗부분에 하얗게 생기는 것과 같은 물질이다.
   그럴 때에는 잘 뒤집어 주면 다시는 발생하지 않는다.
   그래서 '뜸팡이'가 생기지 않도록 처음 2주일 정도는
   자주 뒤집어 주는 것이 좋다.

차전자(질경이과)

❀학명: Plantago asiatica
❀생약명: 차전자(車前子) ❀다른 이름: 질경이, 차전초, 부이

- 분포지역: 전국 각지
- 서식장소: 풀밭이나 길가
- 크기: 20~30cm 정도
- 형태: 질경이과의 한해살이 풀
- 채취시기: 봄~여름
- 개화시기: 6~8월

질경이는 흔히 길가나 들에 무리 지어 자란다. 6~8월에 하얀 꽃을 피워서 흑갈색의 자잘한 씨앗이 10월에 익는다. 이 씨를 차전자車前子라고 한다. 그러나 별로 쓸모없어 보이는 이 풀이 온갖 질병에 만병통치약으로 두루 효험이 크고, 맛난 산나물의 하나임을 아는 사람은 많

지 않다. 한방에서는 잎과 종자를 모두 약재로 쓰는데, 많은
양을 복용하면 설사를 유발할 수 있으므로 주의해야 한다.

::채취

봄에 어린순을 뜯는다. 꽃이 피는 6~8월에는 잎과 뿌리를, 씨앗은
가을에 거둬 햇볕에 잘 말린 다음 보관한다.

::식용

1. 무기질과 단백질, 비타민 등이 많이 함유되어 나물로 즐겨 먹는다.
2. 삶아서 말려 두었다가 소금물에 살짝 데쳐 나물로 무친다.
3. 김치를 담그면 그 맛이 각별하다.

::효능

민간요법에서는 만병통치약으로 부를 만큼 그 범위가 넓고 약효도
뛰어나다. 이뇨작용과 진해작용, 해독작용이 뛰어나서 소변이 잘 나
오지 않는 증상, 변비, 천식, 백일해 등에 효과가 뛰어나다. 이외에도
기침, 동맥경화, 당뇨병, 신장결석, 장염 등에 효능이 있고, 특히 각
종 암세포의 진행을 80% 억제한다는 연구보고도 있다.

::효소 담그기

- 전초를 따서 물에 씻은 후 물기를 뺀다.
- 약 10cm 정도로 자른 후 항아리에 담는다.
- 질경이와 설탕의 비율은 1 : 0.8로 한다.
- 약 3개월 동안 1차 발효를 시킨 후, 효소 발효액만 따로 항아리에 담아서 1년 정도 더 숙성시킨다.
- 효소1 : 물3 비율로 음용한다.

::질경이 장아찌 만들기

1. 차전자 어린잎을 따서 물에 씻은 후 물기를 뺀다.
2. 멸치 다시마육수를 만든다.
3. 준비된 육수에 간장과 식초, 설탕을 넣고 끓인다.
4. 간장이 끓으면 미지근하게 식혀서 통에 차전자를 넣고 붓는다. 잎이 큰 경우 뜨거운 간장을 그대로 부어주면 더욱 부드러워진다.
5. 3~4일 간격으로 끓인 후 붓기를 반복한다.
6. 20일 정도면 맛있게 숙성된다.

❀산야초 효소의 상식

Q. 책이나 인터넷을 보면 이구동성으로 산야초와 설탕
비율을 1:1로 하라고 적혀 있다. 하지만 그러면 설탕
의 양이 너무 많지 않은가?

A. 산야초 가운데는 즙이 많은 종류가 있고, 적은 종류도
있다. 즙이 많은 종류에는 설탕을 1:1보다 많이 넣어
야 하고, 즙이 적은 종류에는 1:1보다 적게 넣는 것이
원칙이다. 그러나 여러 가지 야초를 섞어 발효시킬 경
우에는 1:1 비율이 적당하다.
설탕을 적게 넣으면 발효가 너무 빨리 진행되거나 이
상이 생겨, 악취가 날 수 있다. 경우에 따라서는 벌레
가 생기기도 한다. 그러니 확실한 비율을 지켜 설탕을
혼합하면 효소 발효액이 알맞게 발효되고, 벌레도 생
기지 않는다.

머위(국화과)

✿학명: Petasites japonicus
✿생약명: 봉두채(蜂斗菜) ✿다른 이름: 사두초, 관동화, 머구, 머우

- 분포지역: 전국 각지
- 서식장소: 산지와 협곡의 습한 곳
- 크기: 5~60cm 정도
- 형태: 국화과의 여러해살이 풀
- 채취시기: 봄
- 개화시기: 4~5월

머위는 강추위와 눈보라를 이겨내고 봄이면 꽃을 피운다고 해서 관동화款冬花라고도 부른다. 습기가 있는 낮은 산등어리나 협곡에서 옹기종기 무리지어 자라며, 국화과에 속하는 식물이다. 잎은 신장 모양이고, 지름이 30㎝에 달하며, 잎 가장자리에는 고르

지 않은 톱니들이 있다. 잎자루는 60㎝까지 자란다. 머위는 알칼리성 식물이기에 산성 체질인 사람들에게 체질 개선을 시켜주고, 독성이 없으면서도 탁월한 항암효과를 볼 수 있는 식물이다.

::채취

4월에 꽃이 만개하기 시작하면 꽃송이를 채취한다. 꽃이 약간 핀 정도가 약효가 가장 좋으며, 꽃에서 향기가 나면 약효가 사라졌다고 본다. 잎과 잎자루는 4월부터 채취한다.

::식용

독특한 향기가 있어 좋고 아주 쓴 맛이 난다. 어린잎을 데쳐서 쌈으로 먹는다. 잎자루는 껍질을 벗긴 다음 물에 삶아 나물로도 먹는다.

::효능

1. 꽃과 잎, 잎자루(머위대)까지 모두 약용으로 사용된다.
2. 꽃은 기침이나 가래가 나올 때, 땅속줄기는 해열에, 뿌리는 어린이의 태독 치료에 쓰인다.
3. 불포화 지방산이 많아 콜레스테롤 제거, 변비 예방을 돕고 각종 성인병을 막아준다.

::효소 담그기

• 채취한 머위를 깨끗이 씻은 다음 그늘에서 물기를 말린다.
• 적당히 자른 머위와 설탕의 비율은 1:1로 한다.
• 숙성기간 초기에는 자주 섞어주기를 한다.
• 약 3개월 동안 발효시켜 걸러낸 후, 다시 1년 정도 숙성시킨다.
• 효소1 : 물3의 비율로 음용한다.

::머위 잎 장아찌 만들기

1. 껍질을 벗긴 머위 잎을 한 번 삶아 준비한다.
2. 다시마육수와 간장의 비율은 2:1로 준비한다.
3. 간장 물에 설탕과 식초를 기호대로 넣고 펄펄 끓인다.
4. 간장이 끓으면 미지근하게 식힌 다음 머위 잎 위에 붓는다.
5. 이틀 간격으로 끓인 후 붓기를 반복한다.
6. 20일 정도면 맛있게 숙성된다.

●tip

벗겨서 버리는 머위 잎자루 껍질에는 방부 효과가 있다. 산나물을 염장할 때 함께 넣고 절이면 곰팡이가 생기지 않는다.

✿산야초 효소의 상식

Q. 효소 발효액을 담는 항아리는 꼭 숨 쉬는 항아리를 사용해야 하나? 유리병이나 플라스틱 용기를 사용하면 부작용이 생기는가?

A. 우리나라의 대표적 발효식품인 된장이나 청국장을 만드는 '바실러스'라는 균은 산소가 있어야만 살 수 있는 호기성 세균이다. 한편, 유기물을 썩히는 부패균은 산소가 있으면 살지 못하는 혐기성 세균이다.
그러나 효소를 만드는 효모균은 산소가 있거나 없거나 잘 살아가는 통기성 세균이다. 그러므로 효모균은 발효과정에서 산소를 필요로 하지 않기 때문에 숨 쉬는 항아리가 굳이 필요하지는 않다. 유리병에서든 항아리에서든, 산야초 발효액은 잘 만들어진다. 유리병에 담으면 내부를 들여다볼 수 있으므로, 설탕이 다 녹지 않고 가라앉아 있는 상태도 쉽게 알 수 있는 장점도 있다. 또한 발효과정도 제대로 지켜볼 수 있다.

16 쇠비름(쇠비름과)

春

❀학명: Portulaca oleracea L.
❀생약명: 마치현 ❀다른 이름: 돼지풀, 도둑풀, 말비름, 장명채

• 분포지역: 전국 각지
• 서식장소: 밭 근처
• 크기: 25~30cm 정도
• 형태: 쇠비름과의 한해살이 풀
• 채취시기: 봄~여름
• 개화시기: 6~10월

밭에서 자라는 잡초이다. 높이는 30cm 정도이다. 전체에 털은 없으나 육질이고, 뿌리는 흰색이며, 줄기는 붉은빛이 도는 갈색으로 많은 가지가 비스듬히 옆으로 퍼진다. 잎은 어긋나거나 마주 나는데, 가지 끝에서는 돌려난 것같이 보인다. 꽃은 6월부터 가을까지 계속 피며 노란색이다. 장명채라 하여 오래 먹으면 장수하고, 나이가 들어도 머리카락이 세지 않는다고 했다. 지방산인 오메가3을 많이 함유하고 있으며, 갈증을 해소하는 데 탁월하다.

::채취

봄부터 여름까지 나는 쇠
비름 새순을 뜯어 나물로
먹는다.

::식용

잎, 줄기를 소금물로 데쳐서 햇볕에 바짝 말려 양념해 먹는다. 쇠비
름은 매우 흔한 풀이지만, 나물로 먹으면 피가 맑아지고 장이 깨끗해
져서 건강을 유지할 수 있다.

::효능

1. 생즙을 먹으면 저혈압, 대장염, 관절염, 변비, 설사에 효과가 좋다.
2. 벌레에 물려 가려울 때에는 반드시 생잎을 찧어 붙인다.
3. 중풍으로 반신불구가 됐을 때 쇠비름 4~5근을 삶아서 나물과 함
   께 국물을 먹으면 상태가 호전된다.

::효소 담그기

1. 쇠비름 잎의 푸름이 진하고 줄기가 더욱 붉을 때 뿌리까지 캔다.
2. 흐르는 물에 깨끗이 씻은 다음 물기를 빼고 하루 정도 말린다.
3. 손으로 잘게 끊어 항아리에 넣고 설탕을 1 : 0.8의 비율로 버무린
   후, 설탕이 다 녹을 때까지 2~3일에 한 번씩 저어준다.
4. 항아리에 밀봉한 뒤 그늘에 두고 약 3개월간 숙성시킨다.
5. 그 후 건더기를 걷어내고 200일 정도 더 발효시킨다.
6. 효소1 : 물5의 비율로 음용한다.

17
개미취(국화과)

春

❀학명: Aster tataricus L.f.
❀생약명: 자원(紫苑) ❀다른 이름: 소판, 협판채, 산백채, 자완

- 분포지역: 전국 각지
- 서식장소: 산속 습지
- 크기: 1~2m 정도
- 형태: 국화과의 여러해살이 풀
- 채취시기: 가을~겨울
- 개화시기: 7~10월

깊은 산속 습지에서 자생하나, 재배하기도 한다. 높이는 야생이 1.5m 정도이고, 재배하는 것은 약 2m이다. 뿌리가 자주색이고 부드러워서 자원이라 한다. 줄기는 곧게 서며 뿌리줄기가 짧고, 위쪽에서 가지가 갈라지며 짧은 털이 난다. 뿌리에 달린 잎은 꽃이 필 무렵 없어지는데, 긴 타원형에 밑 부분이 점점 좁아져서 잎자루의 날개가 되고 가장자리에 물결 모양의 톱니가 있다. 꽃은 7~10월에 연한 자주색 또는 하늘색으로 핀다.

::채취

음력 2,3월이나 가을철에
채취하여 씻어 말린 다음
에 사용하며, 벌꿀에 적신
다음 약간 볶아서 쓰기도
한다.

::식용

어린잎은 생으로도 먹지만, 조금 성장한 잎은 쓴맛이 강하므로 데쳐
서 물에 우려낸 다음 햇볕에 말려서 묵나물로 사용하면 맛이 좋다.

::효능

뿌리를 주로 약으로 쓴다. 폐결핵, 폐암, 천식, 거담, 진해 작용이 가
장 대표적인 약리작용이다. 약리실험에서 기도의 분비물을 증가시켜
가래를 희석하고, 쉽게 뱉어낼 수 있게 하는 작용이 입증되었다.

::효소 담그기

- 개미취 꽃과 잎을 깨끗이 씻은 뒤 물기를 완전히 뺀다.
- 뿌리 역시 잎과 마찬가지로 깨끗이 씻은 뒤 준비한다.
- 약초와 설탕을 1:1 비율로 한 켜씩 항아리나 용기에 담는다.
- 항아리에 다 담은 뒤 설탕을 충분히 덮어둔다.
- 선선한 장소에서 3개월간 숙성한 후, 효소 발효액만 따로 용기에
  담는다.
- 1년 정도 더 숙성시킨 후 1:3 비율로 생수와 섞어 매일 2~3회씩
  복용한다.

18 바위취(범의귀과)

⊛학명: Saxifraga stolonifera
⊛생약명: 호이초(虎耳草) ⊛다른 이름: 등이초(橙耳草), 석하엽(石荷葉)

- 분포지역: 중부 이남지방
- 서식장소: 산과 들의 그늘지고 촉촉한 곳
- 크기: 약 60cm 정도
- 형태: 범의귀과의 여러해살이 풀
- 채취시기: 봄
- 개화시기: 5월

숲속 촉촉한 바위틈에 잘 자란다고 해서 바위취라 하고, 어린잎에 부드러운 털이 촘촘히 난 모습이 호랑이귀를 닮았대서 범의귀 또는 호이초虎耳草라고도 한다. 추위에 매우 강해서, 다른 잎이 다 져버린 한겨울에도 보송보송한 털을 덮은 채 바위틈에 웅크리고 있다. 전체에 붉은빛을 띤 갈색 털이 길고 빽빽이 나며, 높이는 60cm 정도이다. 남쪽 지방 습한 바위틈에서 자라지만, 요즘은 집 텃밭에서도 흔히 심고 있다. 5월에 흰색 꽃을 피운다.

::채취
봄에서 가을까지 꽃은 물론 줄기와 뿌리 채취가 가능하다. 꽃은 꽃받침과 전초를 따서 바람이 잘 통하는 그늘에서 말린 후 사용한다.

::식용
1. 부드러운 잎을 뜯어서 쌈으로 먹거나, 살짝 데쳐서 무침으로 먹는다.
2. 바위취는 다른 산야초에 비해 잎이 꽤 두껍다. 그래서 나물무침보다 튀김용으로 많이 사용한다.

::효능

잎은 아이들의 경련, 종기, 화상, 해열, 귓병 등에 효과가 있다. 아이가 경련을 일으켰을 때, 잎 열 장을 잘 씻어 소금으로 문댄 후 즙을 짜서 입속에 넣어두면 효과가 뛰어나다. 또한 중이염에도 그 즙을 솜에 묻혀 귓속에 넣어두면 좋아진다. 〈약초지식 참조〉

::효소 담그기

• 주변의 흙을 한 묶음씩 달고 뽑히므로 깨끗이 씻는다.
• 잎과 뿌리, 줄기를 적당한 크기로 잘라 준비해둔다.
• 바위취와 설탕을 1:1 비율로 넓은 대야에서 버무린다.
• 위아래로 섞으면서 뒤적여 주면 설탕이 빨리 녹는다.
• 항아리에 넣고 깨끗한 천으로 입구를 씌워 고무줄로 감싸서 100일간 발효시킨 후 걸러낸 다음, 약 200일간 더 숙성시킨다.
• 효소1 : 생수3 비율로 기호에 따라 복용한다.

❀산야초 효소의 상식

Q. 효소 발효액이 익으면 술맛이 난다고 하는데, 그럼 건
   강에 해롭지 않을까?

A. 술이라고 무조건 건강에 해롭다는 생각은 너무 단편
   적이다. 예로부터 술은 백약百藥의 으뜸이라고 했다.
   효소가 살아 숨 쉬는 술은 건강에 매우 좋은 것이다.
   술이 건강에 좋지 않은 이유는 효소가 살아 있지 않은
   술, 즉 소주나 맥주를 마시기 때문이다. 집에서 담근
   막걸리나 약술은 적당히 먹으면 보약이 된다. 산야초
   효소 희석음료는 효소가 펄펄 살아 있고 술기운은 조
   금밖에 없는 음료이다.

당뇨를 이기는 산야초

01 달맞이꽃 (바늘꽃과)

糖

✿학명: Oenothera odorata Jacquin.
✿생약명: 월하향(月下香) ✿다른 이름: 월견초, 야래향, 대소초, 월견자

• 분포지역: 전국 각지
• 서식장소: 물가, 길가, 빈터
• 크기: 50∼90cm 정도
• 형태: 바늘꽃과 두해살이 한방 귀화식물
• 채취시기: 초여름
• 개화시기: 7월

꽃이 밤에만 피기 때문에 월견초, 달맞이꽃이란 이름이 붙었다. 칠레가 원산지인 귀화식물이며 물가나 길가, 빈터에서 자란다. 굵고 곧은 뿌리에서 1개 또는 여러 개의 줄기가 나와 곧게 서며, 높이는 50∼90cm쯤이다. 전체에 짧은 털이 난다. 잎은 어긋나고 끝이 뾰족하며 가장자리에 얕은 톱니가 있다. 꽃은 7월에 노란색으로 피는데, 저녁에 피었다가 아침에 시든다.

::식용 및 복용

당뇨 환자의 음식에 달맞이꽃 기름을 식용유 대신 쓴다. 어린잎을 계속 식용하면 감기 몸살과 기관지염 예방 치유에 아주 좋다. 피부염이 생겼을 때 생잎을 짓찧어 그 즙을 바르면 치유된다.

::효능

꽃과 씨앗은 콜레스테롤의 수치를 떨어뜨린다. 부작용이 거의 없으며 당뇨, 중풍, 동맥경화 등 혈관질환 치료에 효과가 탁월하다. 여성의 호르몬을 조절하여 생리통을 경감시키고, 생리불순을 개선시켜주는 효과도 있다.

::약용대상

• 혈압이 높은 사람 • 술을 많이 마시는 사람
• 약간 비대해진 사람 • 콜레스테롤이 높은 사람
• 갱년기 장애나 생리불순으로 고민하는 사람

::달맞이꽃 차

달맞이꽃은 기름기가 많아 그냥 먹기에는 제법 부담스럽다. 따라서 데쳐서 우려낸 후 마신다. 기호에 따라 설탕이나 꿀을 첨가해서 마시면 더욱 좋다.

02

糖

용담(용담과)

❀학명: Gentiana scabra Bunge for. scabra
❀생약명: 담초(膽草) ❀다른 이름: 초룡담, 과남풀

- 분포지역: 전국 각지
- 서식장소: 높은 산지의 풀밭
- 크기: 20~60cm 정도
- 형태: 용담과의 여러해살이 풀
- 채취시기: 봄
- 개화시기: 8~10월

가을을 대표하는 보라색 종 모양의 꽃이 위를 향해 핀다. 초룡담, 과남풀, 백근초, 담초 등의 여러 이름이 있으며, 제주도를 포함한 전국의 산이나 들에 흔히 자란다. 키는 30~50cm쯤 되며, 잎은 마주 나고 좁은 달걀꼴이다. 용의 쓸개처럼 맛이 매우 쓰다고 해서 용담이라는 이름이 붙었다. 뿌리를 가을철의 그늘에서 말린 용담은 한방에서 식욕부진이나 소화불량에 사용하며 건위제, 이뇨제로도 활용한다.

::채취

가을에 채취하여 흙을 깨끗이 씻은 다음 햇볕에 말려 잘게 잘라 보관
한다.

::식용 및 복용

용담은 뿌리를 약재로 사용한다. 말린 뿌리를 1회에 1~3g씩 200cc
의 물로 달이거나, 곱게 가루로 빻아 복용한다.

::효능

혈압을 낮추는 효과를 비롯하여 당뇨, 암, 관절염, 팔다리 마비 등에
도 쓴다. 뿌리를 달인 물은 상당한 항암효과와 진통작용이 있다. 무
엇보다도 열을 내리고 염증을 삭이는 작용이 강하다. 특히 간에 열이
성할 때 열을 내리는 작용이 탁월하다.

::용담사간탕(龍膽瀉肝湯)

당뇨로 인한 음부소양증이나 급성전염성 간염으로 눈동자까지 노랗
게 되고 열이 심하게 날 때 용담, 황금, 목통, 생지황, 시호, 질경이,
당귀, 감초를 섞어서 달여 복용하면 상태가 호전된다.

03 담쟁이덩굴 (포도과)

糖

⊛학명: Parthenocissus tricuspidata
⊛생약명: 석벽려 ⊛다른 이름: 지금(地錦), 상춘등(常春藤)

- 분포지역: 전국 각지
- 서식장소: 돌담이나 바위 또는 나무줄기
- 길이: 10m 이상
- 형태: 포도과 낙엽활엽 덩굴식물
- 채취시기: 봄
- 개화시기: 6~7월

포도과에 속하는 낙엽 활엽 덩굴성 식물이다. 담을 기어오른다 하여 담쟁이덩굴이라는 이름이 붙여졌다. 한방에서는 담쟁이를 석벽려 또는 지금地錦이라고도 부르는데, 지금이란 땅을 덮는 비단이라는 뜻이다. 담쟁이덩굴의 잎은 끝이 3개로 갈라지며 가장자리에 불규칙한 톱니가 있고, 잎자루가 잎보다 길다. 표면에 털이 없고 뒷면 잎맥 위에 잔털이 있다. 어릴 때의 잎은 작은 세 개의 잎이 완전하게 갈라져 있는 것들이 많다.

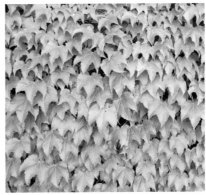

::채취
소나무나 참나무를 타고 올라간 것을 써야 하며, 돌이나 흙담을 타고 오른 것은 독이 있어 사용하면 안 된다.

::식용 및 복용
1. 당뇨병의 혈당치를 떨어뜨리는 효과가 탁월하다. 하루 10~15g쯤을 물로 달여 복용하는데, 오래 복용하면 완치도 가능하다.
2. 술에 담가 우려내어 먹는 것이 효과가 빠르고, 가루를 내어 먹거나 물에 넣고 뭉근하게 달여 먹어도 효과를 볼 수 있다.

::약리작용

- 혈을 순환케 하고 통증을 완화시킨다. 〈중약대사전, 중국〉
- 풍을 제거하고 풍습성 관절 혹은 허리와 다리가 약한 데도 적용된다. 〈강서중약, 중국〉
- 맛은 달고 성질은 따뜻하다. 피를 잘 돌게 하고 풍을 없애며 통증을 멈춘다. 〈동의학사전, 북한〉

::효소 담그기

- 채취한 담쟁이덩굴의 껍질을 벗겨내고 반쪽으로 가른 후 약 2~3cm 간격으로 자른다.
- 담쟁이덩굴 재료가 피부에 닿으면 굉장히 가려우므로 꼭 장갑을 껴야 한다.
- 재료 무게에 알맞은 물의 양과 설탕의 비율을 1:1로 하고 끓여서 식힌다.
- 덩굴의 자른 재료를 용기에 담고서 식힌 설탕시럽을 붓는다.
- 6개월 이상 숙성시킨 후 기호에 맞게 음용한다.

::담쟁이 술 만들기

- 줄기와 뿌리를 깨끗이 씻은 후 적당한 크기로 잘라서 잘 말린다.
- 유리병이나 페트병에 넣은 후 소주 1.8ℓ를 부어 밀봉한다.
- 서늘한 곳에서 6개월 정도 숙성한다.
- 찌꺼기나 불순물은 걸러내고 술만 따로 숙성한다.
- 소주잔으로 하루 2~3회 복용한다.
- 3주 정도 복용하면 가벼운 관절염이나 근육통은 거뜬히 낫는다.

❀산야초 효소의 상식

Q. 효소가 몸에 좋다는 것은 잘 알고 있다. 그래도 너무 많이 복용하면 부작용은 없을까?

A. 과유불급過猶不及! 아무리 좋은 보약이라도 너무 많이 먹는 것은 좋지 않다. 세상의 법칙이 다 그렇다.
하지만 효소는 다른 것 같다. 식사 후 한두 잔을 먹고, 물이 마시고 싶을 때마다 효소 발효액을 음용해도 괜찮다. 당뇨가 심하면 물을 많이 마시게 되고, 물을 아무리 먹어도 갈증이 가시지 않는다. 우리가 갈증을 느끼는 것은 인체가 효소를 갈구하는 신호이다. 그러나 효소 발효액을 음용하면 갈증을 느끼지 않는다. 인체는 몸이 필요로 하는 효소가 충분히 보충되면 더 이상 물을 먹고 싶다는 욕구를 일으키지 않기 때문에, 효소 발효액을 과다하게 먹을 일은 사실 없다고 봐야 한다.

04 갈대(벼과)

糖

⊛학명: Phragmites communis TRIN
⊛생약명: 노근(蘆根) ⊛다른 이름: 노경, 순강룡, 노두, 노고근

- 분포지역: 전국 각지
- 서식장소: 호수나 습지, 개울가
- 크기: 2~3m 정도
- 형태: 벼과의 여러해살이 풀
- 채취시기: 여름~가을
- 개화시기: 8~9월

습지나 갯가, 호수 주변의 모래땅에 군락을 이루고 자란다. 뿌리줄기의 마디에서 많은 황색의 수염뿌리가 난다. 줄기는 마디가 있고 속이 비었으며, 높이는 2~3m 정도이다. 잎은 가늘고 긴 편이며, 줄기를 둘러싸고 털이 있다. 꽃은 8~9월에 피는데, 처음에는 자주색이었다가 곧 담백색으로 변한다. 중국에서는 예부터 갈대의 어린 싹을 고급요리 재료로 여겼다. 매우 귀하게 쓰이는 약초이지만, 너무 흔하므로 그 중요성을 잊기 쉬운 우리의 약초이다.

::채취

봄에서 가을 사이에 땅속 줄기를 캐서 수염을 제거하고 물에 잘 씻은 다음, 그늘에 말려두었다가 잘

게 썰어서 보관한다. 깊은 산속 오염되지 않은 맑은 물가에서 자란 것을 쓰는 것이 좋다.

::식용

땅속 어린 줄기를 노순이라 하여 죽순처럼 요리를 해서 먹는다.

::약리작용

- 당뇨, 황달, 만성복막염, 방광염, 소변불통 등의 치료에 이용된다.
- 뿌리는 예부터 한방이나 민간에서 귀하게 쓴다. 이뇨, 지혈, 발한, 소염, 지갈, 해독, 진토 등의 다양한 약리 효과가 있다.
- 해독작용이 강하여 농약 중독이나 식중독, 알코올 중독 또는 중금속 중독에 갈대 뿌리를 달여 먹으면 풀린다.

::갈대뿌리 차 끓이기

- 갈대뿌리 20~30g을 깨끗이 씻고 물기를 털어준다.
- 깨끗이 씻은 갈대뿌리를 물 1.5~2ℓ 를 넣고 끓인다.
- 물이 끓기 시작하면 불을 줄여서 30분~1시간(물이 처음의 1/2쯤으로 줄 때까지) 정도 더 끓인다.
- 건더기는 걸러내고, 달여진 약초액은 냉장고에 보관한다.
- 하루 2~3회 종이컵 ⅔ 정도, 따뜻하게 데워 음용한다.

05

糖

겨우살이(겨우살이과)

❀학명: Viscum album var. coloratum
❀생약명: 기생목(寄生木) ❀다른 이름: 붉은열매 겨우살이

• 분포지역: 전국 각지
• 서식장소: 밤나무, 참나무, 전나무, 동백나무 등
• 크기: 30~60cm 정도
• 형태: 쌍떡잎식물 단향목 겨우살이과
• 채취시기: 겨울
• 개화시기: 3월

성인병에 좋은 약초들은 무엇이든 척박한 땅이나, 식물이 살 수 없는 곳에서 자란다. 겨우살이 역시 땅에서 자라는 것이 아니라, 나무에 붙어 기생하는 식물이다. 떡갈나무, 참나무, 소나무, 전나무 등의 나무 꼭대기에서 자생한다. 둥지

같이 둥글게 자라 지름이 1m에 달하는 것도 있다. 꽃은 3월에 노란색으로 가지 끝에 피고 꽃대가 없으며, 열매는 둥글고 10월에 연노란색으로 익는다. 과육이 잘 발달되어 산새들이 좋아하며, 이 새들에 의해 씨앗이 나무로 옮겨져 퍼진다.

::채취
12월이나 한겨울에 채취한다. 겨우살이 채취는 쌓인 눈을 헤치며 해야 하는 아주 고된 작업이다.

::식용
신장, 간이 안 좋은 사람이나 마비증세가 있는 가족을 위해 밥을 지을 때 넣어도 좋다. 독한 술에 담가 마시게 되면 신경통, 관절통이 낫는다.

::효능

항암, 잇몸질환, 이뇨작용, 고혈압, 동맥경화 등에 좋고 특히 혈당수치를 내려주는 효능이 탁월하다. 겨우살이를 하루 80~100g씩 약한 불로 오래 달여서 차처럼 수시로 마시면, 당뇨병 치료에 큰 도움이 된다.

::효소 담그기

- 잘게 자른 겨우살이, 그리고 물과 설탕을 1:2의 비율로 만든 설탕 시럽을 항아리나 용기에 담는다.
- 6개월 정도 발효시킨 후 겨우살이 효소를 건져내어 천으로 걸러 낸다.
- 걸러낸 발효액을 다시 6개월 정도 더 숙성시킨 후 음용한다.

❀산야초 효소의 상식

Q. 시큼해진 효소 발효액을 막걸리에 탔더니 막걸리 맛이 좋아졌다. 이렇게 타서 먹어도 괜찮은가?

A. 아무 문제가 없다. 시중에서 판매되는 막걸리 가운데는 효소가 살아 있는 것과 가공하여 효소를 죽여 없앤 것이 있다. 효소가 살아 있는 막걸리는 생략하고, 효소가 없는 막걸리에 효소 발효액을 타서 먹으면 맛도 좋고 잘 취하지도 않으며 뒤끝도 깨끗하다. 아니, 막걸리뿐만 아니라 슈퍼마켓의 모든 주스음료에 조금씩 타서 먹어도 건강에 아주 좋다. 갈증으로 주스를 마실 때 효소 발효액을 타서 음용하면 갈증이 더 잘 가신다. 소주를 마실 때에도 마찬가지의 효과를 볼 수 있다.

시중의 음료는 대개 효소가 없다. 건강에 좋지 않으니 가급적 음용을 삼가거나, 효소 발효액을 섞어 마시는 습관을 기르자.

06 둥굴레(백합과)

糖

⊛학명: Polygonatum odoratum var. pluriflorum (Miq.) Ohwi
⊛생약명: 옥죽 ⊛다른 이름: 괴불꽃, 황정, 황지, 죽네풀

- 분포지역: 전국 각지
- 서식장소: 산기슭이나 풀밭의 볕이 잘 드는 곳
- 크기: 30~60cm 정도
- 형태: 백합과의 여러해살이 풀
- 채취시기: 봄
- 개화시기: 6~7월

백합과의 다년생 식물로 높이는 30~60cm 내외이며, 줄기는 가지를 치지 않고 비스듬히 자란다. 윗부분은 모가 지고, 잎은 넓은 계란 꼴로 어긋나게 달리며 두 줄로 규칙적인 배열을 이룬다. 잎겨드랑이마다 푸른빛을 띤 흰 꽃이 한두 송이씩 달리며, 끝은 갈라진 종 모양이다. 둥굴레는 녹차와 함께 가장 널리 애용되는 차의 하나이며, 구수한 맛으로 인해 물처럼 마시는 경우도 많다. 신선들이 먹는 음식이라 했을 만큼 좋은 향과 효능을 가지고 있다.

::채취

봄철에 어린잎과 줄기를 채취한다. 뿌리는 늦가을에 채취한 것이 품질이 가장 좋다.

::식용

1. 어린순은 가볍게 데쳐서 찬물로 헹군 다음 나물로 무쳐 먹는다.
2. 뿌리, 줄기는 된장이나 고추장으로 장아찌를 담가 먹는다.

::효능

맛은 달고 구수하며 무독해서 차로 많이들 만들어 마신다. 주요 효능으로는 당뇨에 특히 좋으며 고혈압, 기관지나 폐, 마른기침, 허약체질도 개선시킨다. 또한 갈증을 해소하는 데 좋고, 중풍과 각종 암에 대한 치료에도 도움을 준다.

::효소 담그기

- 둥굴레의 잔뿌리들을 다듬은 다음 깨끗이 씻은 후, 물기를 말리고 잘게 썬다.
- 둥굴레와 설탕을 1:1 비율로 넣고 잘 버무려 준다.
- 항아리나 용기에 차곡차곡 넣고, 남은 설탕을 맨 위에 얹은 후 밀봉한다.
- 100일 정도 발효시킨 후 다시 200일 정도 숙성시킨다.
- 효소1 : 물5의 비율로 음용한다.

07

糖

비수리(콩과)

❀학명: Lespedeza cuneata G.Don
❀생약명: 야관문(夜關門) ❀다른 이름: 노우근, 호지자, 산채자

• 분포지역: 전국 각지
• 서식장소: 산기슭
• 크기: 50~100cm 정도
• 형태: 콩과의 여러해살이 풀
• 채취시기: 봄
• 개화시기: 8~9월

산기슭 이하에서 자란다. 줄기는 곧게 서고 가늘며, 짧은 가지는 능선과 더불어 털이 있다. 높이 50~100cm까지 자라며 가지가 많다. 잎은 어긋나고 작은 잎이 3장씩 나온 겹잎이다. 꽃은 6~9월에 피는데, 흰 바탕에 자주색 줄무늬 나비모양으로 핀다. 비수리는 즙액이 거의 나오지 않기에 산야초 효소를 빚기에는 모자라다. 대신 말려서 다른 약초와 함께 달이거나 술을 담그는 것이 좋다.

::채취

꽃이 피기 전 8월 무렵에 채취한 것이 좋으며, 깨끗이 씻어 적당히 자른 후 서늘한 곳에서 약 한 주 정도 잘 말린다.

::식용

각종 성인병 중에서도 현대인을 가장 공포에 몰아넣는 당뇨를 예방하고 치료해준다. 평소 자주 접하는 음식과 함께 섭취해주는 것이 가장 좋다.

::효능

신장을 보양하고 기력을 회복시켜 준다. 씨앗을 가루 내어 매일 복용하거나, 닭이나 오골계 같은 보양식품들과 함께 조리하여 섭취하면 그 효과가 대단하다. 또한 간, 신장을 보호해 결막염, 급성 유선염 등을 치료한다.

::비수리 술 만드는 방법

1. 비율은 비수리 500g에 과일소주(35°) 4병이 적당하다.
2. 용기를 검정 봉투로 싼 후 선선한 곳에서 숙성시킨다.
3. 담근 날짜를 정확히 기입하고 100일 후 망으로 걸러낸다.
4. 그 후 다른 용기에 담아 보관하면서 복용하면 된다.

::주의

맛이 쓰다고 하여 설탕이나 다른 첨가물을 넣으면 안 된다. 만약 첨가물이 들어가게 되면, 오랜 시간 동안 배어나오는 맛과 효능을 망칠 수 있다.

08

糖

쐐기풀(쐐기풀과)

❀학명: Urtica thunbergiana
❀생약명: 담마(蕁麻) ❀다른 이름: 점초, 모점, 갈자초

- 분포지역: 전국 각지
- 서식장소: 산야의 숲속, 산기슭의 습지
- 크기: 80cm 정도
- 형태: 쐐기풀과의 여러해살이 풀
- 채취시기: 여름
- 개화시기: 7~8월

산야의 숲속에서 자란다. 식물 전체에 날카로운 털이 있다. 피부에 닿으면 쐐기에 물린 듯 따끔거려서 쐐기풀이라고 부른다. 키는 80㎝에 달하며, 세로로 길게 능선이 있다. 꽃은 암수한그루이고 7~8월에 녹색을 띤 흰색으로 피는데, 잎겨드랑이에 이삭꽃차례로 달린다. 열매는 수과로서 납작하고 달걀 모양이며 녹색이고, 9~10월에 익는다. 어린순을 나물로 먹기도 하며, 한방에서는 전초를 약용한다. 껍질은 섬유자원으로 쓴다.

::채취

처서가 지난 후 쐐기풀 전
초를 채취하여 맑은 물
에 깨끗이 씻고, 그늘에서
2~3일 말린 후 보관한다.

::식용 및 약용

어린순은 나물로 먹는다. 잎을 달여 해열 및 감기, 빈혈, 만성위장염
에도 이용한다. 잎 가루는 지혈작용으로 상처에 이용하며, 잎 즙은
뱀에 물렸을 때 좋다.

::효능

민간에서 당뇨병에 쓴다. 말린 잎, 가지, 뿌리를 진하게 다린 다음 물
처럼 조금씩 마신다. 체질에 맞을 경우 한 달만 마셔도 효과를 보지
만, 6개월 정도 마시길 권장한다. 동맥경화 예방에도 탁월하다.

::쐐기풀 차 만들기

1. 여름에 잎을 따서 그늘에 말린다.
2. 잎 5~20g에 물 700cc를 넣고 끓인다.
3. 물이 끓으면 약한 불로 2~3시간 푹 달인다.
4. 식전 또는 식후에 음료처럼 복용한다.

::주의

털에는 포름산(개미산)이 들어 있어 찔리면 쐐기한테 쏘인 것처럼 아
프다. 이때에는 환부에 나무 태운 재를 물에 축여 바르면 된다.

09 조릿대(벼과)

糖

❀학명: Sasa borealis (Hack.) Makino
❀생약명: 죽엽(竹葉) ❀다른 이름: 산죽, 담죽엽

- 분포지역: 전국 각지
- 서식장소: 산중턱 이하의 풀 속
- 크기: 1~2m 정도
- 형태: 벼과의 여러해살이 풀
- 채취시기: 봄
- 개화시기: 4월

산기슭이나 풀밭의 볕이 잘 드는 곳에서 자란다. 줄기는 옆으로 비스듬히 자라고 높이가 1~2m 정도이며, 잎과 함께 전체에 털이 있다. 뿌리에서 나온 잎은 뭉쳐나고 비스듬히 퍼지며 3~9개의 작은 잎으로 구성된 깃꼴겹잎이다. 꽃은 4~6월에 노란색으로 피고 줄기 끝에 취산꽃차례를 이루며, 10개 정도가 달린다. 한방에서는 식물 전체를 약재로 쓰는데, 잎과 줄기는 위장의 소화력을 높이고, 뿌리는 지혈제로 쓰인다.

::채취
이른 봄에 채취하여 잘게 썬 다음 그늘에서 말려서 보관한다.

::효능
인삼을 훨씬 능가한다고 할 만큼 놀라운 약성을 지녔다. 조릿대 한 가지만으로도 당뇨병, 고혈압, 동맥경화, 암 등의 난치병이 완치된 경우가 적지 않다. 혈당량을 낮출 뿐만 아니라 심장을 튼튼하게 하고 갖가지 질병에 대한 저항력을 길러주는 효과도 있으므로, 당뇨병 치료약으로 가장 추천할 만한 산야초이다.

::식용 및 약용

1. 잎을 따서 그늘에 말려두었다가 잘게 썰어서 차로 끓여 마신다.
2. 뿌리를 달인 물에 씨앗을 살짝 볶아 가루 낸 것을 한 숟가락씩 하루 세 번 식전에 복용하면 상당한 효과를 본다.
3. 뿌리를 12시간쯤 달인 뒤 뿌리는 건져내고 남은 물을 진득해질 때까지 졸여서 씨앗 크기로 환을 만들어, 한번에 10~20개씩 하루 3번 식전에 복용한다.
4. 달인 물로 밥을 짓거나 죽을 끓여도 같은 효과를 볼 수 있다.

::효소 담그기

• 오염되지 않은 산에서 채취한 조릿대의 잎을 깨끗하게 씻고 물기를 말린 후, 적당한 크기로 자른다.
• 조릿대는 수액이 많지 않으므로 설탕과 물을 6:4의 비율로 끓인 뒤 식혔다가, 조릿대를 담은 항아리나 용기에 붓고 잘 섞는다.
• 조릿대가 완전히 잠기도록 설탕 끓인 시럽을 부어주고 발을 얹은 다음 무거운 것으로 눌러, 내용물이 떠오르지 않게 한다.
• 100일 정도 발효시킨 후 내용물을 걸러낸 다음 발효액을 따로 담아, 약 6개월 정도 다시 숙성시킨다.
• 효소1 : 물3의 비율로 음용한다.

::조릿대 차

2ℓ 정도의 물에 조릿대 10~20g(약 한 줌 정도)을 넣고 한번 끓어오르면 약한 불에서 1시간~2시간 정도 더 달인다. 냉장 보관한 후 데워 마시거나, 차갑게 마셔도 좋다.

✿산야초 효소의 상식

Q. 한약방이나 건강원에서 파는 호박즙, 포도즙, 배즙 같은 과일추출액을 먹을 때에도 효소 발효액을 타서 먹으면 좋은가?

A. 물론이다. 호박즙, 포도즙, 배즙 같은 추출가공식품은 열을 가하여 만들었기 때문에 효소가 살아 있지 않은 것들이다. 효소 발효액을 조금씩 타서 먹으면 맛도 훨씬 좋아지고, 건강에도 더 유익하다.

♣tip

효소 원액 활용법

1. 주스–원액도 되지만, 생수를 2~5배 넣어 희석해서 하루 3~6회 정도 마신다. 효소가 파괴되지 않도록 찬물에 타서 마신다.
2. 고기양념–고기를 재는 과정에 넣으면 고기가 부드러워진다.
3. 장–초장이나 각종 양념장을 만들 때 설탕 대신 사용하면 몸에 좋다.
4. 소스–떡이나 빵을 잼이나 조청 대신 찍어 먹으면 소화를 돕는다.
5. 조미료–설탕보다 맛이 훨씬 깊고 미네랄과 각종 효소가 풍부하다.
6. 다이어트–일반 물을 마실 때보다 음식을 적게 섭취하고도 요요현상을 방지할 수 있다.

10

糖

하늘타리(박과)

❀학명: Trichosanthes kirilowii
❀생약명: 괄루근(括樓根) ❀다른 이름: 하늘수박, 천선지루, 루근, 백약

- 분포지역: 중부 이남
- 서식장소: 들판, 산기슭, 개울가
- 크기: 30~50cm 정도
- 형태: 박과의 덩굴성 여러해살이 풀
- 채취시기: 봄
- 개화시기: 7~8월

예부터 당뇨병에 효능이 뛰어나 긴요하게 쓰여왔던 약초이다. 산기슭 이하에서 자라며 뿌리는 고구마같이 굵어지고, 줄기는 덩굴손으로 다른 물체를 감으면서 올라간다. 잎은 어긋나고 단풍잎처럼 5~7개로 갈라지며 갈래조각에 톱니가 있고, 밑의 잎

은 심장 밑 모양이다. 꽃은 7~8월에 피고 노란색이다. 열매는 지름 7cm 정도로 오렌지색으로 익고, 종자는 다갈색을 띤다. 하늘타리 뿌리는 부작용이 없는 훌륭한 암치료약이다. 천화분天花粉은 그 뿌리를 짓찧어 말려 얻은 가루를 말한다.

::채취
봄과 가을에 뿌리를 캐어 물에 씻고 겉껍질을 벗긴 후 햇볕에 말린다.

::효능
위에 열이 많아 갈증이 생기고 많이 먹는데도 불구하고 몸이 점점 여위어 가는 증상을 '소갈증'이라 하는데, 이는 당뇨병에 해당하는 병증이다. 동의보감에는 소갈증에 가장 으뜸이 되는 약이 천화분이라고 했다. 함암, 암세포 생성 억제, 생리불순, 변비 등에도 효험이 있다.

::식용 및 약용

1. 천화분 8g에 물을 붓고 달여 물의 양이 반으로 줄면, 차처럼 마신다.
2. 가루 2g을 일반약 먹듯이 따뜻한 물과 함께 먹는다.
3. 자주 마시면 소갈증은 물론 기침, 천식에도 효험을 볼 수 있다.
4. 산모의 모유가 부족할 때에도 물처럼 자주 마시면 젖의 양이 많아진다.

::천화분 만들기

• 뿌리를 잘게 썬 뒤 냉수에 담그고 1일 1회씩 물을 갈아준다.
• 5~7일 동안 노란 물이 나오지 않을 때까지 반복한다.
• 건져낸 후 햇볕에 잘 말려 가루로 만든다.
• 갈근(칡뿌리 가루)을 함께 섞어서 6:2의 비율로 음용한다.
• 1일 2회, 밥 수저로 한 술씩 3개월 정도 먹으면 치료가 된다.

::주의

하늘타리 하나만으로도 약효가 뛰어나지만, 다른 약재와 함께 사용하면 더욱 좋은 효과를 볼 수 있다. 단, 구기자나 생강을 같이 쓰면 효능이 떨어지니 유의하여야 한다.

❀산야초 효소의 상식

Q. 효소 발효액을 오래 놔두면 상하지 않을까?

A. 효소 발효액은 아무리 오래 두어도 상하지 않는다. 오
직 발효가 계속 진행될 뿐이다. 발효균 때문에 다른
부패균이 발붙일 수가 없다.
효소와 달리 상하기 쉬운, 약초 달인 물에도 효소 발
효액을 절반 정도 타면 상하지 않기 때문에 오래 두고
먹을 수 있다. 곰팡이 핀 곳에 뿌리면 곰팡이가 없어
진다. 효소 발효액은 오래 두면 상하는 것이 아니라,
나중에는 식초로 변한다.

♣tip
• 산야초 용어 익히기
★학명–세계적인 공용 명칭.
★과명–꽃의 모양으로 분류한 명칭.
★전초–뿌리, 줄기, 잎, 꽃 등 산야초의 전체.
★근경–뿌리덩이.
★근피–뿌리껍질.
★백피–나무 속껍질.
★달임차–산야초를 말려 약탕기에 오랫동안 달인 차.
★덖음차–새순을 가마솥에서 살짝 볶아 따뜻한 물에 우려낸 차

11

두릅나무(두릅나무과)

糖

⊛학명: Aralia elata
⊛생약명: 자노아(刺老鴉) ⊛다른 이름: 총목피, 목두채, 민두릅나무

- 분포지역: 전국 각지
- 서식장소: 산기슭의 양지쪽이나 골짜기
- 크기: 3~4m 정도
- 형태: 두릅나무과의 낙엽활엽 관목
- 채취시기: 봄
- 개화시기: 8~9월

두릅나무는 약간 쌉쌀한 맛이 나지만, 예로부터 건강에 좋은 자연식으로 알려져 왔다. 산기슭의 양지쪽이나 골짜기에서 자란다. 높이는 3~4m이다. 줄기는 갈라지지 않으며 억센 가시가 많다. 잎은 어긋나고 잎자루와 작은 잎에 가시가 있다. 잎 길이는 5~12cm, 너비 2~7cm로 큰 톱니가 있고 앞면은 녹색이며, 뒷면은 회색이다. 8~9월에 가지 끝에 길이 30~45cm의 흰색 꽃이 핀다. 열매는 핵과로 둥글고 10월에 검게 익으며, 새순을 식용한다.

::채취

봄철인 4~5월에 올라오
는 새순을 채취한다.

::식용 및 약용

1. 특유의 향기와 포근한 식감으로 산나물의 제왕이라 불린다. 어린
   잎은 살짝 데쳐서 초고추장에 찍어 먹기도 하고, 나물로 무쳐 먹
   기도 한다. 참두릅과 개두릅 모두 식용한다.
2. 한방에서는 열매와 뿌리를 위암, 당뇨병, 소화제에 사용한다. 민
   간에서는 당뇨병에 나무껍질이나 뿌리를 달여 먹는다.

::효능

효능 중 가장 뛰어나다고 할 수 있는 것이 당뇨병 치료이다. 잎, 줄
기, 뿌리껍질 모두 혈당 강하작용을 하지만, 그 중에서 뿌리와 껍질
은 독성이 없고 혈당치를 낮추는 데 도움이 되며, 인슐린 분비를 촉
진시키는 물질이 함유되어 있어 당뇨에 그 약효가 더더욱 뛰어나다.
또한 두릅나무 껍질을 총목피라고도 하는데, 통증을 진정 또는 완화
시키는 데 아주 뛰어난 작용을 한다.

::약용 방법

나무껍질이나 뿌리 20~40그램을 물로 달여서 식후마다 복용한다.

➜그 외 당뇨를 이기는 산야초

녹두 멥쌀과 함께 묽게 죽으로 쑤어 아침과 저녁에 복용

화살나무 하루 30~40g씩 물에 달여 2~3번 식후에 복용.

칡뿌리 즙을 내어 한잔씩 하루 3번 복용.

붉은팥 하루 15~30g을 달임약으로 복용.

홍삼 홍삼, 설탕, 생강, 대추를 넣어 차로 달여서 음용.

오가피 뿌리와 가지 20g을 달여서 1~2회씩 복용.

옥수수수염 25~30g을 기준으로 달여 2~3회씩 장복.

감자 즙을 짜서 하루에 두 잔을 마신다.

돼지감자 쪄서 먹거나 날것으로 식용.

마 즙을 내거나 날것 또는 쪄서 식용.

뽕나무 껍질을 볶아 삶은 물을 차 마시듯 음용.

고욤 잎을 채취해 달여서 보리차처럼 수시로 음용.

광나무 전채(全茶)를 고욤과 같은 방법으로 사용.

주목 중간 불로 10시간 이상 달여서 하루 3번 복용.

연삼 달여서 마시거나, 가루를 내어 복용.

새삼 덩굴을 즙으로 마시거나 씨앗을 달여 차처럼 음용.

누에똥 가루로 만들어서 냉수에 1일 3회 음용.

여름의 산야초

01

夏

익모초(꿀풀과)

❀학명: Leonurus japonicus Houtt.
❀생약명: 치자연 ❀다른 이름: 임모초, 개방아, 육모초, 충위자

• 분포지역: 전국 각지
• 서식장소: 길섶, 들, 풀밭, 산기슭
• 크기: 1~1.5m 정도
• 형태: 꿀풀과의 두해살이 풀
• 채취시기: 여름
• 개화시기: 7~8월

봄부터 자라나 가을에는 1미터 이상의 풀로 열매를 맺고 생을 마감하는데, 약재로 이용하는 것은 2년차 꽃 필 무렵에 채취한 것이 좋다. 예전 어른들이 더위 먹어 입맛이 없을 때, 생즙을 내서 마시면 입맛이 돌아온다고 장독대 옆에 몇 그루씩 자라게 두었던 약초이다. 익모초는 어머니에게 이로운 풀이라는 뜻으로, 여성들에게 유익한 풀이라 붙여진 이름이다. 특히 산전 산후에 부인들의 보약으로 널리 쓰인다. 자궁 수축작용, 지혈작용, 이뇨작용, 항암작용 등 웬만한 질병에는 거의 다 쓸 수 있다.

::채취

꽃 피기 전인 6월에 줄기를 베어 그늘에서 말린 후 약으로 쓴다.

::식용 및 복용

생즙을 먹는 방법, 말려서 가루를 내어 먹는 방법, 또는 말려서 달여 먹는 방법, 효소를 담가 먹는 방법 등이 있다. 약재로 사용하는 부위는 줄기와 잎이다. 잎과 줄기를 깨끗이 씻어 물을 붓고 약한 불에 양이 반으로 줄 때까지 달여서 하루 3회 따뜻하게 마시면, 혈액순환이 좋아지면서 무월경이 치료된다. 3개월 정도 꾸준히 마셔야 효과를 볼 수 있다.

::효능

산전 산후 부인들의 보약으로 널리 쓰인다. 고혈압, 협심증, 해열, 이뇨작용, 지혈, 신경쇠약에도 효과가 있으며 월경과다, 산후출혈, 생리통, 생리불순, 산후에 배가 아플 때, 여성의 생리를 조절하는 데 매우 좋은 약이다.

::효소 담그기

1. 전초를 흐르는 물에 여러 번 깨끗하게 씻고 잘게 잘라준다.
2. 설탕과 재료를 1:1의 비율로 조절한 뒤 용기에 넣는다.
3. 약 7~10일 정도 음지에서 발효를 시켜주는데, 하루마다 위아래를 뒤집거나 잘 섞어준 후 밀봉한다.
4. 1년이 경과한 뒤 건더기를 걸러주고, 우려낸 진액만 따로 1년에서 2년까지 뚜껑을 너무 꽉 닫지 않은 채로 숙성시켜준다.

더덕(초롱꽃과)

夏

❀학명: Codonopsis lanceolata (S. et Z.) TRAUTV
❀생약명: 사엽삼(四葉參) ❀다른 이름: 사삼, 백삼, 양유근, 노삼, 산해라

• 분포지역: 전국 각지
• 서식장소: 높은 산, 들판, 산기슭, 고원지대
• 크기: 1~2m 정도
• 형태: 초롱꽃과의 여러해살이 풀
• 채취시기: 가을
• 개화시기: 8~10월

더덕은 산삼에 버금가는 뛰어난 약효가 있어 사삼沙參이라고도 불리며, 우리나라 각처의 숲속에서 자라는 다년생 덩굴식물이다. 뿌리는 도라지나 인삼과 비슷하고, 덩굴은 길이 2m 정도로서 보통 털이 없고 자르면 흰 즙이 나온다. 8

~10월에 자주색의 넓적한 종 모양의 꽃이 핀다. 더덕은 특히 향기가 독특하다. 더위가 기승을 부릴 때 가장 짙은 냄새를 풍긴다. 냄새에 민감하지 않은 사람이라도 한여름에 숲속을 걷다가도 특유의 향을 맡고 더덕이 있는 곳을 알아낼 수 있을 정도이다.

::**채취**

8~9월에 뿌리를 캐내어 씻고 햇볕에 말린다.

::**식용 및 복용**

어린잎을 삶아서 나물로 무쳐 먹거나 쌈으로 먹기도 하며, 뿌리는 고추장 장아찌, 생채, 자반, 구이, 정과, 술 등을 만든다.

::효능

1. 위, 허파, 비장, 신장을 튼튼하게 해주는 효과가 있고 진해, 거담에 특히 효능이 있다. 일반 성분은 다른 나물과 별로 차이가 없고, 칼슘이 많을 뿐이다. 그러나 인삼처럼 사포닌을 품고 있어 이것이 약효를 발휘한다.
2. 인삼, 현삼, 단삼, 고삼, 사삼(더덕)을 오삼五蔘이라 하는데 모양이 비슷하고 약효도 비슷하다. ≪명의별록≫

::효소 담그기

• 더덕을 깨끗하게 씻은 후 물기를 제거하고 약 1cm 간격으로 썬다.
• 더덕과 설탕의 비율을 1:1로 하고, 2/3의 설탕을 넣고 잘 버무린다.
• 버무려진 더덕을 항아리나 용기에 넣고, 맨 위에 나머지 1/3의 설탕을 덮는다. 더덕은 다른 효소와 달리 이산화탄소가 많이 발생하므로, 창호지나 천으로 밀봉한 항아리의 뚜껑을 조금 열어둔다.
• 100일 정도 발효시킨 후 더덕을 건져내고, 다시 1년쯤 더 숙성시킨 후 음용한다.

::더덕간장절임 만들기

더덕 300g, 소금 1작은술, 간장 1컵, 식초 1컵, 설탕 1/2컵, 마늘즙 2큰술, 생강즙 1큰술, 레몬즙 4큰술, 후춧가루 약간

1. 더덕은 껍질을 벗겨 얇고 길게 썬 후 소금에 10분 정도 절여놓는다.
2. ①의 더덕에 간장, 식초, 설탕, 마늘즙, 생강즙, 레몬즙, 후춧가루를 넣고 이틀 동안 실온에 재워둔다.
3. 이틀이 지나면 냉장고에 넣어두고 먹는다.

❀더덕 효소음료

더덕은 예로부터 폐의 열을 내리고 기침과 가래가 잦을 때 많이 사용되어 오던 대표적인 약초이다. 뿌리에 사포닌 같은 성분이 많기 때문에, 열로 인해 입 안이 마르면서 기침과 가래 증상이 있을 때 사용하면 좋다. 기억력을 개선하고 피로회복에도 효과적이므로 수능시험을 준비하는 수험생의 면역력 증진, 감기예방 등의 건강관리에도 도움이 된다.

더덕 효소음료를 만들 때에는 향이 진하고 자른 면이 하얀색이며 뿌리가 굵은 것으로 준비한다. 더덕의 생리활성은 뿌리껍질에 많으므로, 껍질을 벗기지 않고 깨끗이 씻은 다음 반으로 쪼개 3~5cm 정도로 자른다. 설탕은 더덕과 1:1의 비율로 준비해 22~24℃의 그늘진 곳에서 3개월 정도 발효시킨다. 발효가 다 되면 즙액을 걸러내 다시 1년 정도 더 숙성시키는데, 2~3일 후에 2차 발효로 올라오는 거품과 앙금을 제거한 다음 숙성시키는 것이 좋으며, 이러한 제거 작업을 몇 차례 반복한다.

완성된 효소 발효액은 냉장고에 보관하면서 음료 대용으로 마시면 된다. 원액으로 마시거나 물에 2~4배로 희석해 아침, 점심, 저녁으로 공복에 마시면 감기 예방에 효과적이다. 높은 온도에서는 효소가 죽어버리기 때문에, 물에 희석할 때는 실온의 물을 사용해야 한다.

03 고삼(콩과)

夏

❀학명: Sophora flavescens Solander ex Aiton
❀생약명: 고삼(苦蔘) ❀다른 이름: 지괴, 야괴, 너삼, 도둑놈의 지팡이

• 분포지역: 전국 각지
• 서식장소: 양지바른 풀밭
• 크기: 80~100cm 정도
• 형태: 콩과의 여러해살이 풀
• 채취시기: 가을~봄
• 개화시기: 6~8월

맛이 매우 쓰지만 인삼과 같은 효과가 있다 하여 고삼이라 한다. 햇볕이 잘 드는 풀밭이나 땅에서 자라는 풀로서 콩과에 속한다. 둥근 줄기는 푸른색이지만, 어릴 때는 검은빛이 돈다. 굵고 긴 뿌리를 가지고 있고, 줄기는 곧게 서서 가지를 치며 1m 안팎의 높이로 자란다. 또한 줄기를 비롯한 온몸에 작은 털들이 나 있다. 6~8월에 줄기와 가지 끝에 나비와 같은 생김새의 꽃이 이삭 모양으로 뭉쳐 핀다.

::채취

꽃이 질 무렵부터 뿌리를 캐서 외피를 제거한 다음 햇볕에 말려 약용으로 쓴다.

::효능

고삼은 자연항생제 성분이 풍부하기 때문에 세균파괴에 상당한 효능이 있다. 전초를 짓찧어 물에 풀면 물고기가 죽고 옛날 재래식 변기에 넣으면 모든 벌레가 죽지만, 인체에는 무해하기 때문에 인체 내의 세균만 공격한다. 이러한 살균력은 종양 등을 제거하는 데 뛰어나며 황달, 가래, 폐결핵, 두통 등에도 효험이 있고, 세균으로 야기되는 소화불량, 식욕부진, 치질로 인한 출혈, 통증 등을 치료하는 데도 좋다.

::고삼 활용법

1. 진액

   물 1~1.5ℓ를 붓고 고삼 30g 정도를 넣은 뒤 강한 불로 15분 정도 끓인 후, 30분 정도 약한 불로 더 다린다. 그 후 건더기를 걸러낸다.

2. 차

   고삼 진액에 꿀, 설탕이나 물을 넣고 농도를 조절해 마신다.

3. 샴푸

   고삼 진액으로 머리를 감으면 비듬이 많은 사람에게 특히 좋다.

04 단풍취(국화과)

❀학명: Ainsliaea acerifolia
❀생약명: 도구약(刀口藥) ❀다른 이름: 괴발땅취, 괴발딱지, 장이나물

- 분포지역: 전국 각지
- 서식장소: 깊은 산속 그늘진 곳
- 크기: 30~80cm 정도
- 형태: 국화과의 여러해살이 풀
- 채취시기: 봄~가을
- 개화시기: 7~9월

국화과의 여러해살이 풀로 우리 나라 각처의 산과 들, 숲속에서 무리를 이뤄 자란다. 특히 숲속 참나무 그늘 아래 군락을 이룬 경우가 많다. 키는 35~80cm이며, 잎 모양이 단풍나무 잎과 비슷하고 나물로 먹을 수 있으므로 단풍취라는 이름이 붙었다. 대개 취라는 어미로 끝나면 나물로 요리해 먹을 수 있는 식물이다. 줄기는 한 개가 곧게 자라므로 가지가 없으며, 긴 갈색 털이 듬성듬성 있다. 잎은 줄기 중앙에 4~7개가 돌려나며 길이가 6~12.5cm, 폭이 6.5~19cm이다.

::채취

잎이 피기 전에 부드러운 줄기와 함께 채취하는 것이 향이 더 강하다.

::식용

어린잎을 먹는다. 쌈으로 먹거나 데쳐서 나물이나 비빔밥에 넣어 먹으면 좋다. 이름에 취가 들어가는 것에서도 알 수 있듯이 취나물 특유의 향과 맛이 난다. 또는 장아찌나 묵나물로 만들어 먹기도 한다.

::효능

숙취를 해소하고 콜레스테롤 수치를 낮추며 항염 효과가 있다. 중국에서는 류마티스 관절염과 장염 등에 이용한다.

::단풍취 장아찌 만들기

1. 단풍취를 깨끗이 씻어 물기를 빼고 용기에 준비해둔다.
2. 간장과 물, 매실즙 약간, 식초, 소주 약간을 넣고 끓여서 식힌 후 단풍취 위에 붓는다. 기호에 따라 설탕을 첨가해도 좋다.
3. 이틀 후부터 다시 끓여 붓기를 2~3회 반복한 다음 10일 후부터 먹는다.

05 夏 다래(다래나무과)

❀학명: Actinidia arguta
❀생약명: 미후도 ❀다른 이름: 목자, 등리, 미후리

- 분포지역: 전국 각지
- 서식장소: 깊은 산골짜기나 산기슭의 마른 땅
- 크기: 7~10m 정도
- 형태: 다래나무과의 낙엽덩굴식물
- 채취시기: 봄~가을
- 개화시기: 5월

머루와 함께 대표적인 야생과일의 하나로서 전국의 깊은 산골짜기에서 자란다. 손가락 굵기 정도의 둥근 열매로서 빛깔은 푸르고 단맛이 강하며, 9~10월에 익는다. 이 열매를 햇볕에 말린 것을 미후도라고 하는데, 입맛이 없고 소화가 잘 안 될 때 먹으면 효과가 좋다. 꽃은 5월에 흰색으로 피고 잎겨드랑이에 취산꽃차례를 이루며, 3~10개가 달린다. 어린잎을 나물로 먹기도 하며, 열매를 따서 날것으로 먹거나 다래주를 빚기도 한다.

::채취
봄~가을에 채취 가능하다.

::식용 및 복용
열매를 다래라 하며 맛이 달아 생식한다. 어린잎은 나물로 먹는다. 뿌리는 항암제로서 어느 것 하나 버릴 것 없는 귀한 식물이다.

::효능
유기산, 단백질, 인, 칼륨, 당분, 철분, 카로틴, 마그네슘이 많고, 더구나 비타민 C가 풍부하여 항암식품으로 인정받고 있다. 특히 위암을 예방하고 개선하는 데 효과가 있다. 위암으로 헛구역질이 날 때는 다래 100g을 진하게 달여 생강즙 몇 방울을 넣어 먹는다.

::다래나무 수액
고로쇠 수액보다 인체에 유익한 물질이 다량 함유되어 있다. 항암작용이 뛰어나고 부종이나 신장병 환자들한테 효력이 크다고 알려져 있다. 상온에 오래 보관하면 부패하여 음용할 수 없으므로, 마실 만큼 냉장 보관하고 나머지는 냉동 보관해야 한다.

06

夏

잔대(초롱꽃과)

⊛학명: Adenophora triphylla var. japonica (Regel) H.Hara
⊛생약명: 사삼(沙蔘) ⊛다른 이름: 딱주, 제니

- 분포지역: 전국 각지
- 서식장소: 산과 들
- 크기: 40~120cm 정도
- 형태: 초롱꽃과의 여러해살이 풀
- 채취시기: 봄
- 개화시기: 7~9월

초롱꽃과의 여러해살이 풀로 산과 들에서 자란다. 뿌리는 도라지 뿌리처럼 희고 굵으며, 줄기는 40~120cm 정도이고 전체적으로 잔털이 있다. 잔대는 모든 풀 종류 가운데서 가장 오래 사는 식물 중 하나로, 산삼과 마찬가지로 간혹 수백 년 묵은 것도 발견된다. 예로부터 인삼, 현삼, 단삼, 고삼과 함께 다섯 가지 삼의 하나로 꼽아왔으며 민간 보약으로 널리 썼다. 독을 풀어주는 힘이 강하기 때문에 갖가지 독으로 인하여 생기는 모든 질병에 효과가 있으며, 여성들의 질환에 아주 좋은 약초이다.

::채취

여름~가을에 뿌리를 채취해 껍질을 벗긴 후 햇볕에 말려 보관한다.

::식용

연한 부분과 뿌리를 식용한다. 어린 싹을 참깨와 함께 무쳐서 먹거나 뿌리를 더덕처럼 양념을 해서 구워 먹어도 맛이 있고, 장아찌를 만들어 먹을 수도 있으며, 다른 재료와 섞어 차로 마셔도 좋다.

::효능

뛰어난 해독작용으로 각광받는 약초이다. 옛 문헌에도 백 가지 독을 푸는 유일한 약초로 기록되어 있으며, 민간요법으로 기침 가래, 천식, 폐렴 등 기관지 치료약으로 많이 사용된다. 생리불순, 자궁출혈 등 여성 질환에도 효험이 있으며 출산 후에 호박과 함께 달여서 산후풍을 예방하는 약재로도 많이 사용하고 있다.

::효소 담그기

전초를 깨끗하게 씻은 후 항아리나 용기에 넣고, 설탕과 물을 섞어 만든 시럽을 붓고서 밀봉한 다음 100일 정도 발효시킨다. 그 후 건더기를 건져내고 1년 정도 2차 숙성시킨 다음, 기호에 맞게 음용한다.

07

夏

삽주(국화과)

❀학명: Atractylodes ovata (Thunb.) DC.
❀생약명: 창출(蒼朮) · 백출(白朮) ❀다른 이름: 관창출, 화창출, 관동창출

• 분포지역: 전국 각지
• 서식장소: 배수가 잘 되는 양지바른 산속
• 크기: 30~100cm 정도
• 형태: 국화과의 여러해살이 풀
• 채취시기: 봄
• 개화시기: 7~10월

국화과에 속한 다년생 초본으로 산속의 물 빠짐이 좋은 양지나 풀숲에서 자란다. 성미는 맵고 쓰고 따뜻해서 주로 비장과 위장에 좋다. 30~100cm 크기로 자라며, 잎자루 가장자리에 가시돌기가 돋아 있다. 꽃은 흰색 또는 홍색으로 여름에서 가을에 걸쳐 핀다. 한방에서는 뿌리줄기를 창출, 백출이라 부르는데 발한, 이뇨, 진통, 건위 등에 효능이 있어 식욕부진, 소화불량, 위장염, 감기 등에 사용한다. 어린순은 가장 값진 산채 중 하나로 평가받으며 나물로 식용한다.

::채취

1. 봄철에 부드러운 순을
따서 나물로 무쳐 먹거나,
쌈을 싸서 먹는다.
2. 뿌리는 봄 또는 가을에
채취하여 잔뿌리를 따낸 다음 햇볕에 말린다.

::식용 및 복용

1. 감기에는 삽주 뿌리, 생강, 감초 약간에 물 1ℓ를 붓고 반이 될 때
   까지 달여 하루 3회 물처럼 마신다.
2. 이뇨, 해열에는 삽주 뿌리에 물 0.5ℓ를 붓고 그 반량이 되게 달여
   수시로 마신다.

::효능

소화불량, 위장염, 감기 등에 효험이 있고 백혈병 세포 억제, 항염증,
이뇨작용, 혈압강하 작용 등이 있다. 특히 위장병은 약 3개월 정도
복용하면 깨끗이 낫는다.

::백출차 끓이는 방법

1. 백출 10~20g을 물에 가볍게 흔들어 씻어 물기를 뺀다.
2. 유리나 주전자에 물 2ℓ를 넣고 끓인다.
3. 물이 끓기 시작하면 약한 불에 놓고 30분 정도 더 끓인다.
4. 진하게 마시고 싶을 때에는 백출 40~50g을 물 1ℓ에 넣고 끓인다.
5. 하루 2~3회 식후에 따뜻하게 음용한다.

08

夏

담배풀 (국화과)

✿학명: Carpesium abrotanoides L.
✿생약명: 천명정(天名精), 학슬(鶴蝨) ✿다른 이름: 천일초, 담배나물

- 분포지역: 황해도 이남
- 서식장소: 산이나 들판의 나무그늘 밑
- 크기: 50~100cm 정도
- 형태: 국화과의 두해살이 풀
- 채취시기: 봄
- 개화시기: 8~9월

국화과에 속하는 두해살이 풀로 숲 가장자리 또는 나무그늘 밑에서 자라며, 높이는 50~100cm 정도에 많은 가지가 옆으로 길게 뻗는다. 식물 전체에 잔털이 있다. 고구마처럼 생긴 뿌리는 단단하다. 잎은 넓은 타원 모양 또는 긴 타원 모양으로, 줄기 아래쪽 잎은 담뱃잎처럼 크고 잎자루에 날개가 있으나, 위로 갈수록 점점 작아지고 잎자루도 없어진다. 잎 가장자리에는 불규칙한 톱니가 있다. 꽃은 8~9월에 노란색 두상화가 자루 없이 잎겨드랑이에 이삭처럼 달린다. 잎과 열매에서 독특한 냄새가 난다.

::채취
잎은 여름철에 따서 그늘에 말리고, 열매는 가을 햇볕에 말려 보관한다.

::식용 및 복용
이른 봄에 어린순을 캐서 물에 우려 쓴맛을 없앤 다음 나물로 먹는다.

::효능
지혈, 거담, 이뇨에 효능이 있고, 잎을 찧어 종기나 타박상 치료에 쓰기도 한다. 열매는 여러 종류의 기생충을 죽이는 데 쓴다.

::학슬
학슬은 담배풀의 열매로, 살충작용이 강한 약재이다. 체내의 기생충과 회충을 죽이는 살충효과를 가지고 있으며, 주로 회충이나 요충으로 인한 어린이의 복통, 항문질환 등에 이용된다.

::주의
학슬은 유독한 약재이므로 반드시 가공하여 사용해야 한다. 기생충으로 인한 특별한 증상이 없을 때에는 복용을 금하며, 복용 중이라도 증상이 나으면 곧바로 중지한다.

엉겅퀴(국화과)

❀학명: Cirsium japonicum var. ussuriense
❀생약명: 대계 ❀다른 이름: 가시나물, 호계, 자계, 야홍화

- 분포지역: 전국 각지
- 서식장소: 산이나 들의 볕이 잘 드는 곳
- 크기: 50~100cm 정도
- 형태: 국화과의 여러해살이 풀
- 채취시기: 봄
- 개화시기: 6~8월

가시나물이라고도 하며, 산이나 들에서 자란다. 줄기는 곧게 서고 높이 50~100cm 정도이며, 전체에 흰 털과 더불어 거미줄 같은 털이 있다. 뿌리 잎은 꽃 필 때까지 남아 있고 줄기 잎보다 크다. 꽃은 6~8월에 자주색에서 적색으로 핀다. 가지와 줄기 끝에 두화가 달린다. 맛이 달고 이뇨, 해독, 소염작용이 있으며 열이 혈액의 정상 순환을 방해하지 않도록 다스린다. 지혈작용이 있어 각종 출혈에 이용된다.

::채취
여름과 가을, 꽃이 활짝 피었을 때에 줄기 밑동 아래 누렇거나 검게 죽은 잎은 떼어 버리고 햇볕에 말린다. 뿌리는 8~10월에 파서 깨끗이 씻어서 햇볕에 말린다.

::식용 및 복용
1. 어린잎은 말려 건나물로 먹거나, 냉동 저장 후 나물로 먹는다.
2. 말린 약재 2~4g을 물 300cc에 넣고 약한 불에서 반으로 달여서 차처럼 하루 2~3회 음용한다.
3. 종기에는 생잎과 뿌리를 짓찧어서 직접 환부에 붙이면 낫는다.

::효능
1. 지혈작용. 코피, 자궁출혈, 소변출혈, 장출혈에 효과.
2. 혈압강하 작용. 고혈압에 효과.
3. 급성 간염으로 인한 황달에 효과.

::효소 담그기
1. 엉겅퀴를 흐르는 물에 헹군 후 물기를 뺀다.
2. 유리병이나 항아리에 넣고 설탕을 1:1 비율로 넣는다.
3. 약 100일 정도 발효시킨다.
4. 그 후 건더기를 건져낸 다음, 발효액만 1년 더 2차 숙성을 한다.

10

미나리(미나리과)

夏

⊛학명: Oenanthe javanica (Blume) DC.
⊛생약명: 수근(水芹) ⊛다른 이름: 잔잎미나리, 근채, 수영, 수채

• 분포지역: 전국 각지
• 서식장소: 습지
• 크기: 20~50cm 정도
• 형태: 미나리과의 여러해살이 풀
• 채취시기: 봄
• 개화시기: 7~9월

습지에서 자라고 흔히 논에서 재배한다. 줄기 밑 부분에서 가지가 갈라져 옆으로 퍼지고, 가을에 기는줄기의 마디에서 뿌리가 내려 번식한다. 줄기는 털이 없고 향기가 있으며, 키는 20~50cm 정도이다. 잎은 어긋나고 잎자루는 위로 올라갈수록 짧아진다. 끝이 뾰

족하고 가장자리에 톱니가 있다. 꽃은 7~9월에 흰색으로 피고, 줄기 끝에 산형꽃차례를 이룬다. 연한 부분은 주로 채소로 이용하고 한방에서는 잎과 줄기를 약재로 쓰는데, 갈증이 심한 증세에 효과가 있고, 강장과 해독에 탁월하다.

::채취
봄~가을까지 채취한다.

::식용 및 복용
미나리를 조리할 때는 가급적 끓는 소금물에 살짝 데쳐서 먹는 것이 좋다. 이렇게 하면 미나리의 좋은 성분들이 60% 가량 증가하는 것으로 조사되었다.

::효능
혈중 콜레스테롤과 혈당량을 낮추어주며, 간경화를 방지하고 담즙을 생성시키는 작용이 있고 숙취해소, 해독작용, 살균작용을 한다. 또한 지혈작용이 있어 여성의 하혈이나 월경과다증에 사용하기도 한다. 식욕을 촉진하고 장의 활동을 좋게 해 변비를 없애 주는 효과도 있다.

::질환별 복용 방법

1. 폐렴, 발열

미나리를 짓찧어 즙을 내서 한 번에
한 잔 정도씩 하루에 세 번 마신다. 또
는 미나리를 뜨거운 물에 살짝 데쳐
무쳐서 반찬처럼 먹는다.

2. 고혈압, 수면장애

미나리 뿌리 100g을 물에 달여 수시로 마신다.

3. 동맥경화증

미나리 뿌리와 대추를 짓찧어 물 200cc에 달인 후 찌꺼기는 버리
고, 하루 2번 식후에 복용한다.

::효소 담그기

• 미나리를 깨끗하게 씻은 후 물기를 완전히 빼고 대략 5cm 크기로
썬다.

• 미나리와 설탕의 비율은 1 : 0.8 정도로 하고, 잘 버무린 후 항아리
나 용기에 넣고 창호지나 천으로 잘 덮은 다음 밀봉한다.

• 설탕이 완전히 녹으면 일주일에 한 번씩 뒤집어 주고, 3주 정도 발
효시킨 다음 미나리를 걸러낸다.

• 진액만 따로 6개월 정도 더 숙성시킨 후 음용한다.

❀산야초 효소의 상식

Q. 평소 설사로 고생했는데 효소 발효액을 마신 다음부터 설사를 하지 않게 되었다. 그런데 반대로 변비가 생겨버렸다. 이건 무슨 현상인가?

A. 효소 발효액을 규칙적으로 마시면, 변을 묽게 보던 사람도 변을 묽게 보지 않게 된다. 마치 감이나 곶감을 먹어서 변이 굵어지는 것처럼, 설사를 자주 하던 사람이 전혀 설사를 하지 않게 된다. 그러나 결코 변비는 아니므로 걱정할 일은 아니다. 변이 정상으로 나오기 시작한 것이다. 속된 말로 소화가 잘된 효소 똥을 싸게 된 것이다. 다소 상한 음식을 먹더라도 효소 발효액과 함께 먹는다면, 배탈이 나거나 설사를 하지 않는다.

11

夏

강활(미나리과)

⊛학명: Ostericum koreanum KITAGAWA
⊛생약명: 강활(羌活) ⊛다른 이름: 강호리, 소시랑개비

- 분포지역: 경북 · 강원 · 경기
- 서식장소: 깊은 산 계곡
- 크기: 1.5~2m 정도
- 형태: 미나리과의 여러해살이 풀
- 채취시기: 가을
- 개화시기: 8~9월

미나리과의 숙근초로서 산골짜기 계곡에서 자란다. 높이는 약 2m 정도로 곧게 서며, 윗부분에서 가지를 친다. 잎은 어긋나고 잎자루를 가지며, 3장의 작은 잎이 깃꼴로 갈라진다. 잎 모양은 넓은 타원형 또는 달걀 모양으로 끝이 뾰족하고 가장자리에 깊게 패인 톱니가 있다. 8~9월에 흰 꽃이 가지 끝과 원줄기 끝에 달린다. 향이 나며, 어린순을 나물로 먹는다. 한방에서는 뿌리를 감기, 두통, 신경통, 류머티즘, 관절염, 중풍 등에 처방한다.

::채취
가을 또는 봄에 뿌리를 캐서 물에 씻어 햇볕에 말린다.

::식용 및 복용
1. 어린잎을 살짝 데쳐 무쳐 먹는다.
2. 강활 5g에 물 1ℓ를 붓고 끓기 시작하면 약한 불에 물이 1/2이 될 때까지 끓여, 꿀을 타서 마신다. 하루 3번 식후에 마시는 것이 좋다.

::효능 및 약리작용
1. 안면신경이 마비된 것을 풀고, 뼈가 쑤시고 아픈 데도 효과 있음.
2. 해열, 발한, 진통작용과 함께 결핵균의 생장을 억제하는 항균작용.

::민간요법
1. 입과 눈이 삐뚤어졌을 때
   강활과 독활을 각각 40g씩 물로 달여 1일 3회 공복에 복용한다.
2. 갑자기 눈알이 튀어나올 때
   강활을 삶아 그 물을 마시면 즉시 낫는다.

닭의장풀(닭의장풀과)

❀학명: Commelina communis L.
❀생약명: 압척초(鴨跖草) ❀다른 이름: 달개비, 닭의밑씻개, 닭의꼬꼬

· 분포지역: 전국 각지
· 서식장소: 길가나 냇가의 숲지
· 크기: 20~50cm 정도
· 형태: 닭의장풀과의 한해살이 풀
· 채취시기: 여름~가을
· 개화시기: 7~8월

닭장 근처에서 많이 자란다고 해서 닭의장풀이라는 이름이 붙었다. 산과 들에 무성하게 자란다. 줄기는 옆으로 뻗고, 마디에서 새로운 뿌리가 나오기도 한다. 잎은 어긋나며 잎의 가장자리에 긴 털이 있다. 꽃은 연한 파란색이고, 7~8월에 나비와 비슷한 생김새로 핀다. 식물 전체를 나물로 먹기도 하며 한방에서는 해열, 해독, 이뇨, 당뇨병 치료에 쓴다. 꽃에서 푸른색 염료를 뽑아 종이를 염색하기도 한다.

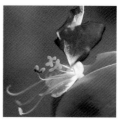

::**채취**

여름과 가을 사이의 꽃이
필 때 채취하여 햇볕에 말
린다.

::**식용**

4~5월에 어린 잎을 따 나물로 먹는다.

::**효능 및 약리작용**

1. 해열, 이뇨, 콩팥염, 요도염, 눈 염증,
   혈압 및 혈당 강하.
2. 열을 식히고 독을 풀어주며, 소변이
   잘 나오게 하고 부기를 가라앉힌다.
3. 민간에서는 베인 상처, 뱀에 물린 데에 잎을 붙인다.

::**효소 담그기**

1. 닭의장풀 전초를 깨끗이 씻은 후 물기를 빼고, 약 5cm 크기로 자른다.
2. 전초와 설탕의 비율은 1:1로 하고, 먼저 설탕 2/3를 항아리나 용기에 넣고 위아래로 버무려서 70%만 채운다.
3. 그 위에 나머지 설탕 1/3을 붓는다.
4. 3일에 한 번 꼴로 바닥까지 잘 저어 설탕을 녹인 다음, 발을 얹고 무거운 돌로 눌러 내용물이 뜨는 것을 막는다.
5. 한지나 천을 이용해 입구를 잘 덮고 공기가 통하도록 뚜껑을 살짝만 닫는다.
6. 약 3개월 후 내용물을 걸러내고 발효액만 1년쯤 더 숙성시킨다.

13 우산나물(국화과)

夏

⊛학명: Syneilesis palmata (Thunb.) Maxim.
⊛생약명: 토아산(兎兒傘) ⊛다른 이름: 우산채, 우산초, 일파산, 철양산

- 분포지역: 전국 각지
- 서식장소: 산지의 나무 밑 그늘
- 크기: 50~100cm 정도
- 형태: 국화과의 여러해살이 풀
- 채취시기: 봄~여름
- 개화시기: 6~9월

잎이 새로 돋을 때 우산처럼 퍼지면서 나오므로 우산나물이라는 이름이 붙었다. 높이는 50~100cm 정도이다. 가지가 없으며, 줄기에 2~3개의 잎이 달린다. 밑의 잎은 둥근 모양이고 잎자루의 길이는 7~15cm 정도이며, 밑 부분이 원줄기를 둘러싸고 7~9개로 깊게 갈라

진다. 꽃은 6~9월에 연한 붉은색으로 피고, 지름 8~10mm
의 두화가 원추꽃차례에 달린다. 주로 어린잎과 줄기를 나물
로 이용해왔으며, 옛적에 중요한 구황식물 중 하나였다.

::채취
4~5월에 어린순을 채취하지만, 여름의 끝자락인 9월 초까지 채취 가
능하다.

::식용
어린순은 줄기까지 식용 가능하고 생채로도 먹을 수 있다. 여타 나물
보다 향이 좋다. 어느 정도 자란 것은 말려 시래기처럼 먹어도 좋다.

::효능
1. 사지마비, 관절통, 허리 아픈 데, 부종에 좋다.
2. 혈액순환을 도와 월경불순, 생리통, 타박상, 악성종양을 낫게 한다.
3. 민간에서는 해독작용으로 독사에 물린 데에 사용되어 왔다.

::효소 담그기

- 채취한 우산나물을 흐르는 물에 깨끗이 씻은 후 물기를 완전히 말린다.
- 우산나물과 설탕의 비율은 1:1로 한다.
- 우산나물과 설탕을 잘 섞어서 항아리나 용기에 켜켜이 담고, 맨 위에 남은 설탕을 덮는다.
- 그 위에 발을 덮고 살균한 무거운 돌로 눌러서 내용물이 수액 위로 뜨지 않게 한 다음, 창호지나 천으로 밀봉한다.
- 공기가 잘 통하는 선선한 곳에서 약 3개월간 발효시킨 후 건더기를 걸러낸 다음, 진액만을 따로 담아서 1년 정도 더 숙성시킨다.
- 효소1 : 물3의 비율로 아침 공복에 음용한다.

::토아산주 만들기

잘 말려 용기에 넣고, 밀봉 보관하여 6개월 후에 건더기는 건져 버리고 다시 숙성시킨 후 마신다. 말린 것 200g당 30도 소주 1.8ℓ를 붓는다. 소주잔으로 1~2잔 마시면 관절통, 풍, 혈액순환, 관절염에 효과가 크다.

::주의

비슷한 종류로 삿갓나물(조휴)이 있다. 삿갓나물은 절대 먹지 말아야 하고, 그 뿌리는 더더군다나 손대면 안 된다. 약으로 쓸 경우도 전문가가 다루어야 하는데, 다량 복용하면 두통이나 구토 증상이 나타나고 심하면 경련을 일으키기 때문이다.

❀외워두면 편리한 12가지 산야초 차의 효능

- 하수오 차 동맥경화, 심장병, 고지혈증 예방
- 감잎 차 빈혈, 고혈압 예방
- 구기자 차 자양강장, 피로회복
- 두충차 신장과 간 기능 촉진
- 마늘 차 항암, 기침, 천식에 효과
- 삼백초 차 해독작용, 이뇨, 변비 해소
- 생강 차 이뇨작용, 발한 촉진
- 쑥차 빈혈, 심장병, 신경통, 냉증
- 이질풀 차 대장염, 위궤양
- 익모초 차 식욕부진, 월경불순 등 부인병에 효과
- 칡차 기침, 감기, 두통, 고혈압
- 토사자 차 불임증, 정력증진, 현기증

암을 고치는 산야초

01

癌

짚신나물(장미과)

⊛학명: Agrimonia pilosa Ledeb.
⊛생약명: 선학초(仙鶴草) ⊛다른 이름: 용아초, 백초경, 낭아초, 철호봉

• 분포지역: 전국 각지
• 서식장소: 풀밭이나 길가의 볕
  이 잘 드는 곳
• 크기: 50~120cm 정도
• 형태: 장미과의 여러해살이 풀
• 채취시기: 봄
• 개화시기: 6~8월

풀밭이나 길가에서 흔히 볼 수
있는 풀로, 열매는 안쪽에 갈
고리 같은 털이 있어서 옷에 잘
달라붙는다. 짚신을 신을 때 잘
달라붙었다고 하여 짚신나물이
라는 이름이 붙여졌다. 전국 전
역의 산과 들에서 자라며, 키는 50~120cm 정도이다. 전체에

흰색의 부드러운 털이 덮여 있으며, 만지면 촉감이 까칠까칠하다. 개화기는 6~8월이고, 결실기는 9~10월이다. 한방에서는 뿌리를 용아초근, 또는 선학초근이라고 하여 약용한다. 봄철에 어린잎을 뜯어 나물로 무쳐 먹기도 한다.

::채취
봄부터 초가을까지 새순을 채취한다.

::식용 및 복용
1. 어린잎을 뜯어 나물로 무치든지, 튀김을 만들거나 볶아서 먹는다.
2. 자궁암에는 짚신나물, 부처손, 영지버섯, 꾸지뽕나무를 같이 넣고 달인 물을 상복한다. 암세포의 억제에 매우 좋다.

::효능 및 약리작용
1. 출혈, 설사, 이질, 위암, 식도암, 대장암, 간암, 자궁암, 방광암.
2. 자궁암 치료에 집중적으로 첨가해 신빙성이 있는 결과를 얻었다.
   〈암류방치연구, 중국〉

3. 이 식물을 위암, 식도암, 대장암, 간암, 자궁암, 방광암 등에 쓴다.

〈동의학사전, 북한〉

::효소 담그기

1. 짚신나물을 깨끗이 씻은 다음, 그늘에서 물기를 말린다.
2. 재료와 설탕의 비율은 1:1로 한다.
3. 항아리나 용기에 재료와 설탕을 켜켜이 담고, 남은 설탕을 맨 위에 덮는다.
4. 발효 초기에는 설탕이 잘 녹도록 1주일에 2~3회 정도 잘 저어주고, 재료가 발효액 위로 떠오르지 않도록 발을 얹고 무거운 돌로 눌러준다.
5. 3개월이 지나면 재료를 건져낸 다음, 1년 정도 더 숙성시킨 후 음용한다.

::주의

부작용이나 독성이 없는 암 치료약이지만, 혈압을 높이므로 많은 양을 한꺼번에 먹어서는 안 된다. 고혈압 환자는 전문가의 지시에 따라야 한다.

❀산야초 효소의 상식

Q. 효소 발효액을 장복해도 되나?

A. 산야초 가운데는 장복을 해도 좋은 것이 있고, 장복을 해서는 안 되는 것이 있다. 독성이 없는 것은 장복을 해도 좋으나, 독성이 약간이라도 있는 것은 장복을 해서는 안 된다. 또한, 약효가 빨리 나타나는 약초일수록 장복을 해서는 안 되고, 약효가 느리게 나타나면서도 체질을 좋게 하여 병을 자연스레 치유하는 약초는 장복을 해도 좋다는 뜻이다.

그렇다 하더라도 체질에 맞지 않는 경우에는 장복을 해서는 안 된다. 이를테면 체질에 맞지 않는 사람이 인삼을 계속 먹으면 오히려 독이 될 수 있듯이, 같은 종류의 약초만을 계속 먹는 것보다는 종류를 바꾸어가면서 먹을 필요가 있다. 쑥과 질경이 효소를 먹었으면 다음에는 냉이와 민들레 효소를, 그 다음에는 칡과 뽕잎 효소로 바꾸어가는 식으로 어느 한 가지만을 고집스럽게 장복하지 않는 것이 바람직하다.

02

癌

개똥쑥(국화과)

✿학명: Artemisia annua L.

✿생약명: 황화호(黃花豪), 초호(草蒿) ✿다른 이름: 잔잎쑥, 개땅쑥

• 분포지역: 전국 각지
• 서식장소: 빈터나 길가, 강가
• 크기: 1m 정도
• 형태: 국화과의 한해살이 풀
• 채취시기: 늦여름
• 개화시기: 7~8월

길가나 빈터, 강가에서 자란다. 키는 약 1m 정도이고 풀 전체에 털이 없으며, 개똥 비슷한 냄새가 난다고 하여 개똥쑥이라고 부른다. 하지만 맡아보면 개똥 냄새보다는 좀 더 독특한 향기가 난다. 줄기는 녹색으로 가지가 많이 갈라지고, 꽃은 여름철에 녹황색으로 핀다. 오래 전부터 이질이나 소화불량 등에 민간요법으로 사용돼 왔는데, 최근 미국 워싱턴 대학 연구팀에 의해 기존 항암제보다 항암 효능이 1,200배 뛰어난 것으로 보고되어 관심을 끌었다.

::채취

9월쯤 꽃이 지기를 기다
려서 채취해야 약효가 뛰
어나다.

::효능

1. 항암효과가 기존 항암제의 1,200배에 달한다.
2. 당뇨, 고혈압 등 성인병에도 탁월한 효능이 있다.

::차 만들기

1. 주전자에 물 2ℓ 를 붓고 끓인다.
2. 끓인 물에 적당량의 말린 개똥쑥을 넣고 30~40분 가량 더 끓인다.
3. 충분히 우려낸 후 수시로 시원하게 마신다.

::생즙 만들기

1. 개똥쑥 생것을 흐르는 물에 깨끗하게 씻어서 물기를 제거한다.
2. 믹서기에 개똥쑥과 물을 적당량 넣고 갈아준다.
3. 기호에 따라서 설탕이나 꿀을 넣어서 먹으면 좋다.

::효소 담그기

개똥쑥과 설탕을 1:1 비율로 넣고 용기에 담아 한 달간 보관한 뒤 선
선한 곳에서 숙성을 시킨다. 약 3개월 정도 발효시킨 다음 내용물을
건져내고, 1년 정도 더 숙성시킨 후 시원하게 음용한다.

03 꾸지뽕나무(뽕나무과)

癌

❀학명: Cudrania tricuspidata
❀생약명: 자목(刺木) ❀다른 이름: 구찌뽕나무, 활뽕나무

- 분포지역: 남부지방
- 서식장소: 남쪽지방 산야의 계곡 주변
- 크기: 3~5m 정도
- 형태: 뽕나무과의 낙엽교목
- 채취시기: 1년 내내
- 개화시기: 5~6월

대개 남부의 산기슭이나 들판에 서 자라는데, 3~5m 높이에까지 이른다. 일반 뽕나무와는 달리 긴 가시가 달렸으며, 잎의 가장자리 가 밋밋하다. 잎을 자르면 우유 같은 흰 액이 나오며, 열매에서도 같은 액이 나오는 것이 특징이다. 나무껍질은 갈색이고 세로

로 얕게 갈라진다. 6월에 꽃이 피어서 가을에 둥근 열매가 붉게 익는데, 사람이 먹을 수 있고 새들도 즐겨 먹는다. 암나무와 수나무가 따로 있어서 수나무에는 열매가 열리지 않는다.

::**채취**

일 년 내내 채취할 수 있다. 뿌리를 파내어 깨끗이 씻어 수분이 충분히 스며들면, 얇은 조각으로 썬 다음 햇볕에 말린다.

::**식용 및 복용**

나무줄기와 잎 100g에 물 1되를 붓고 반으로 줄어들 때까지 달여서 수시로 마시거나, 기름을 내어 복용한다. 자궁암, 직장암에는 꾸지뽕나무 기름이나 달인 물로 관장을 하면 효과가 더욱 빠르다.

::효능 및 약리작용

1. 자궁암, 난소암, 위암, 결장암, 직장암, 소화기암, 폐암, 간암, 기관지암.

2. 잎, 뿌리, 열매 어느 것 하나 버릴 것이 없다.

   열매: 오래 먹으면 머리와 수염이 검어지고 신장의 기능이 좋아진다.

   잎: 차로 마시면 동맥경화를 예방하고, 고혈압에도 효과가 높다.

   줄기: 당뇨병을 예방하며 각종 암에 탁월한 효과가 있다.

   뿌리: 숙취 해소에 좋다.

::꾸지뽕잎 효소 담그기

- 꾸지뽕잎을 물로 깨끗이 씻어 물기를 빼고 말린 다음, 항아리나 유리병에 설탕과 1:1 비율로 넣는다.
- 깨끗한 천으로 덮고 뚜껑을 덮는다.
- 약 100일 후 건더기를 건져내고, 발효액만 따로 200일 정도 더 숙성시킨다.
- 생수에 적당히 희석시켜 기호에 맞게 음용한다.

tip: 기름을 내면 최고의 암 치료약

나무의 기름을 내어 약으로 쓰는 것은 우리나라에만 있는 독특한 전통이다. 일본이나 중국에서는 나무 기름을 내어 약으로 쓰질 않는다. 엄나무나 피나무, 싸리나무, 물푸레나무 등도 기름을 내면 갖가지 난치병을 치료하는 데 매우 좋은 약이 된다.

❀산야초 효소의 상식

Q. 산야초 효소와 함께 먹지 말아야 할 음식으로는 무엇이 있는가?

A. 소화 장애를 유발하는 덜 익은 음식은 가급적 피하는 것이 좋다. 또한 설사를 일으킬 수 있는 돼지비계 같은 기름기 많은 음식이나, 자극성이 강한 고추, 마늘, 겨자 등과 같은 식품은 먹지 않는 것이 좋다.

♣tip
검증된 4대 항암약초
1. 느릅나무−80% 이상 항암 억제력 확인.
2. 꾸지뽕나무−80% 이상 항암 억제력 확인.
3. 하고초(꿀풀)−75% 항암 억제력 확인.
4. 와송−65% 항암 억제력 확인.
위의 수치는 MBC 약초와의 전쟁 팀과 경상대학교 생명과학연구원에서 임상실험과 성분을 분석한 결과이다.

04

癌

느릅나무(느릅나무과)

✽학명: Ulmus davidiana var. japonica
✽생약명: 유피(榆皮), 유근피(榆根皮) ✽다른 이름: 뚝나무, 빛느릅나무

- 분포지역: 전국 각지
- 서식장소: 산기슭이나 골짜기
- 크기: 20m 정도
- 형태: 느릅나무과의 낙엽교목
- 채취시기: 봄, 가을
- 개화시기: 3~4월

줄기껍질은 붉은 갈색이며, 나이가 들면 거무스름하게 변한다. 잎은 타원형으로 좌우 크기가 다르며, 두께가 두껍고 윤기가 난다. 잎 가장자리에는 자잘한 톱니가 있다. 꽃은 3~4월에 노란빛을 띤 갈색으로 핀다. 열매는 5~6월에 연갈색으로 여문다. 모양이 납작하고 날개가 달려 있어 바람에 날려 번식한다. 한방에서는 줄기껍질을 유피, 뿌리껍질을 유근피, 잎을 유엽이라고 하는데, 장과 폐가 튼튼해지고 소변이 잘 나오며 염증을 가라앉히고 새살을 돋게 하며 부패를 방지한다.

::채취

봄에 채취해야 좋다. 채취
한 껍질은 반드시 그늘에
서 말린다. 가을에는 약효
가 껍질보다 뿌리로 간다.

::식용

1. 어린잎으로 국을 끓여 먹으면 불면증에 효과가 좋다.
2. 뿌리껍질 가루와 율무가루를 섞어 국수나 떡을 해 먹기도 한다.

::효능

❶위암−꾸지뽕나무, 느릅나무, 화살나무를 함께 달여서 그 물을 마
  신다.
❷직장암, 자궁암−느릅나무 뿌리껍질을 달인 물로 자주 관장을 한다.

::음용법

날것으로 써야 약효가 좋고, 열을 가하면 약효가 줄어든다. 대부분
물로 달여서 먹는데, 이렇게 먹으면 본래 약성의 1/10밖에 나타나지
않는다. 뿌리껍질을 찬물에 하룻밤 동안 담가, 나오는 끈적끈적한 진
액을 음용하는 것이 가장 좋다.

::민간요법

1. 열매와 가지를 종양 치료에 쓴다.
2. 위염, 위궤양 치료에 뿌리껍질을 달여 하루 3번 마신다.

05

癌

뱀딸기(장미과)

❀학명: Duchesnea chrysantha
❀생약명: 사매(蛇苺) ❀다른 이름: 배암딸기, 홍실뱀딸기, 땅딸기

• 분포지역: 전국 각지
• 서식장소: 풀밭이나 논둑의 양지
• 크기: 열매는 지름 1cm 정도
• 형태: 장미과의 여러해살이 풀
• 채취시기: 여름~가을
• 개화시기: 4~5월

풀밭이나 논둑의 양지에서 흔하게 자란다. 덩굴이 옆으로 뻗으면서 마디에서 뿌리가 내린다. 잎은 어긋나고, 뿌리에 달린 잎은 달걀 모양이며 잎 가장자리에 이 모양의 톱니가, 뒷면에는 긴 털이 난다. 꽃은 4~5월에 노란색으로 피며, 잎겨드랑이에서 긴 꽃줄기가 나와서 끝에 1개의 꽃이 달린다. 열매는 수과로서 6월에 둥글고 붉게 익으며, 먹을 수 있다. 최근에 항암성분이 있다는 것이 밝혀져 모든 암에 사용되고 있는 약초로서 잎과 줄기가 항암작용 외에도 항균작용, 면역기능까지 한다.

::채취

전초를 여름~가을 사이
에 베어서 물에 깨끗이 씻
은 다음 햇볕에 말린다.

::효능

1. 위암, 자궁경부암, 폐암에 효험이 있고 특히 후두암에 좋다.
2. 약리실험에서 후두암을 예방하는 효과가 이미 입증되었으며, 동
   물실험 결과 항종양작용이 있다는 사실도 밝혀졌다.
3. 일본에서는 잎을 녹즙으로 내어 마시며, 각종 만성질환에 사용한다.

::음용법

1. 열매를 꿀이나 설탕과 함께 중불에 오랫동안 달여 잼같이 만들어
   물에 타서 마시는데, 이때 줄기와 뿌리를 그늘에 말려 가루 낸 것
   을 한 숟가락씩 같이 먹는다.
2. 햇볕에 바싹 말린 전초를 한 움큼씩 달여 하루 두세 차례 복용하거
   나, 물의 1/10 정도 재료를 넣고 중불로 달여 음료수처럼 마신다.
3. 어린잎을 즙으로 내어 마신다.

::효소 담그기

• 전초를 깨끗하게 씻은 다음 물기를 잘 말린다.
• 뱀딸기는 다른 산야초들보다 즙이 적으므로, 설탕시럽을 만들어서
  잘 섞은 후 맨 위에 다시 설탕을 덮어준다.
• 6개월 정도 발효시킨 후 내용물을 건져내고, 진액만 따로 1년 정도
  더 숙성시킨 다음 음용한다.

06 제비꽃(제비꽃과)

癌

❀학명: Viola mandshurica W.Becker
❀생약명: 지정(地丁) ❀다른 이름: 근근채, 반지꽃, 오랑캐꽃, 자화지정

- 분포지역: 전국 각지
- 서식장소: 낮은 산야나 들
- 크기: 7~10cm 정도
- 형태: 제비꽃과의 여러해살이 풀
- 채취시기: 봄
- 개화시기: 4~5월

제비가 올 때쯤 꽃이 핀다고 하여 제비꽃이라고 부른다. 높이 10cm 내외로, 들의 양지쪽 풀밭 혹은 산비탈에서 흔하게 자라는 여러해살이 풀이다. 줄기가 없고, 뿌리에서 잎이 모여 나서 옆으로 비스듬히 퍼진다. 꽃은 4~5월에 잎 사이에서 꽃줄기가 자라서 끝에 1

개씩 옆을 향하여 달린다. 꽃 빛깔은 짙은 붉은빛을 띤 자주색이고 끝이 뾰족하며, 부속체는 반원형으로 가장자리가 밋밋하다. 어린순은 나물로 먹으며, 관상의 목적뿐 아니라 식용, 약용, 향료용으로 예부터 이용되어 왔다.

::채취
5~8월에 채취하는데, 열매가 성숙하면 뿌리를 포함한 전초를 채취하여 흙을 털고 햇볕에 말린다.

::식용
어린잎은 나물이나 튀김을 만들어 먹고, 꽃은 꽃 밥이나 샐러드로 식용하며, 술을 담가서도 먹는다.

::효능 및 약리작용
• 약리작용—해독제, 소염제, 지사제, 이뇨제, 황달, 간염, 임파선염.
1. 염증을 치료하는 작용이 강하므로 갖가지 악성 종양을 치료하는 데 쓴다. 북한에서 펴낸 '항암식물사전'에서도 제비꽃 전초를 위암을 비롯한 내장 장기 암을 다스리는 데 쓴다고 기록되어 있다.

2. 담즙 흐름이 원활하지 못해 생기는 황달 증상에 아주 탁월하다. 얼굴은 물론 눈이 노랗게 변하는 황달 증상에 차처럼 꾸준히 복용하면 좋다.

::제비꽃 술 담그기
1. 오염되지 않은 곳의 꽃을 따서 젖은 천으로 조심해서 먼지를 닦는다.
2. 유리병에 소주 1.8ℓ를 부은 후 꽃과 설탕을 적당량 넣고 밀봉한다.
3. 선선한 곳에서 최소 6개월 이상 숙성시킨다.
4. 취침 전 소주잔으로 한잔씩 음용한다.
5. 숙성된 후 제비꽃잎은 따로 건져내지 않아도 된다.

::효소 담그기
• 제비꽃과 식물 전체를 채취하여 깨끗이 씻은 다음 물기를 완전히 말린다.
• 제비꽃과 설탕의 비율은 1:1로 한 다음 용기에 넣고, 매일 한 번씩 잘 섞어준다.
• 3개월 정도 발효시켜 걸러낸 다음, 1년 정도 더 숙성시킨 후 음용한다.

❀산야초 효소의 상식

Q. 산야초에 대한 지식이 없는 상태에서 아무것이나 채취하여 담아도 되는가?

A. 안 된다. 모든 일이 그렇듯이 우선 공부하는 습관을 기르는 게 좋다. 인터넷 검색을 해도 좋고, 약초 관련 책자를 구입해 틈나는 대로 공부하는 자세가 필요하다. 아는 만큼 보인다고 했다.
산야초 공부를 충분히 한 후, 독이 있는 것과 없는 것을 잘 구별하여 담도록 한다. 독이 있는 약초는 질병 치료 목적으로만 채취하는 것이기 때문에, 반드시 따로 담아야 한다. 애기똥풀과 같은 것은 독이 있는 풀이지만 암 치료에 효능이 좋다. 은행잎도 따로 담아야 한다.

07

癌

부처손(부처손과)

❀학명: Selaginella tamariscina Spring
❀생약명: 권백(卷柏) ❀다른 이름: 만년초, 만년송, 회양초, 불수초

- **분포지역: 전국 각지**
- **서식장소: 숲속의 건조한 바위면**
- **크기: 20cm 정도**
- **형태: 부처손과의 여러해살이 풀**
- **채취시기: 봄~가을**

마른 바위에 붙어서 자라는데 비가 와서 물기가 있으면 새파랗게 살아나고, 가물면 잎이 공처럼 둥글게 말라 오그라들어 마치 죽은 것처럼 보인다. 줄기는 빽빽하게 모여 나고 키는 15~20㎝ 정도이며, 비늘 조각 같은 잎이 빽빽하게 붙는다. 잎은 4줄로 늘어서 있고 끝이 실처럼 길어지며 가장자리에 작은 톱니가 있다. 전국 곳곳의 바위에 붙어 자라며, 마음을 안정시키고 혈액순환을 돕는 성분이 있다. 독이 없고, 오래 먹으면 장수한다고 한다.

::**채취**

7~8월, 장마가 한창일 때 채취하는 게 효과가 크고, 겨울이나 봄에는 약성이 떨어진다.

::**효능**

항암효과가 뛰어나다. 폐암, 피부암, 간암, 유방암, 자궁암 및 소화기관의 암에 두루 효과가 있다. 중국에서도 암 치료제로 널리 쓰인다. 실험을 통해 흰쥐에 이식한 암이 뚜렷하게 억제되는 것이 증명되었고, 종양을 이식한 흰쥐의 생체 내 기능을 좋게 하는 것으로 나타났다. 암 환자의 체력을 늘리면서도 암세포를 억제하기 때문에, 화학요법과 같이 쓰면 항암제의 부작용을 줄일 수 있다. 특히 방사선 치료의 부작용을 막는 데에 탁월하다.

::**식용 및 복용**

잘 말린 부처손과 비계가 섞이지 않은 돼지고기(각 60g), 대추 5~10개에 물 2ℓ를 붓고 물이 1/5이 될 때까지 약한 불로 6시간쯤 달여서 하루에 여러 번 나누어 마신다. 1개월 이상 오래 복용하도록 한다. 부작용은 없으나 경우에 따라 어지럽고 속이 메스꺼운 증상이 나타날 수도 있는데, 계속 복용하면 없어진다.

::**그 외 질병에 따른 이용법**

1. 부인병: 가루로 낸 다음 환으로 조제해 6알씩 하루 3번 복용한다.
2. 불임증: 조제한 환을 식전에 3번 10알씩 복용한다.
3. 자궁출혈: 같은 비율로 쑥과 함께 볶은 뒤 달여서 수시로 마신다.
4. 위통: 부처손 80g 정도를 물이 반이 될 때까지 달여서 수시로 마신다.

08 으름덩굴(으름덩굴과)

癌

✿학명: Akebia quinata (Thunb.) Decne
✿생약명: 목통(木通) ✿다른 이름: 으름, 통초과, 연복자, 팔월과

- 분포지역: 전국 각지
- 서식장소: 산과 들
- 크기: 3~5m 정도
- 형태: 으름덩굴과의 낙엽
  덩굴식물
- 채취시기: 봄~가을
- 개화시기: 4~5월

으름덩굴 열매는 머루, 다래 등과 함께 선조들이 즐겨 먹던 귀한 산중 열매 중 하나로, 흔히 으름이라고 한다. 산과 들에서 자라며, 길이는 약 5m 정도까지 자란다. 잎은 묵은 가지에서는 무리지어 나고, 새 가지에서는 어긋나며 손바닥 모양의 겹잎이다. 작은 잎은 5개씩이고, 넓은 달걀 모양이거나 타원형이며 가장자리가 밋밋하고 끝이 약간 오목하다. 꽃은 암수한그루로서 4~5월에 자줏빛을 띤 갈색으로 피는데, 꽃잎은 없고 3개의 꽃받침 조각이 마치 꽃잎같이 보인다.

::채취

11월쯤 채취하여 껍질을 제거, 절단한 후 햇볕에 말려 사용한다.

::식용 및 복용

잎은 차로 달여 마시고 열매는 식용한다.

::효능

1. 항암작용

   췌장암, 구강암, 임파선 종양 등에 으름덩굴과 질경이씨 등으로 만든 알약을 복용하고 효험을 본 사례가 있다. 〈항암본초, 중국〉
   방광암으로 피오줌을 눌 때에도 으름덩굴, 쇠무릎지기, 천문동, 맥문동, 오미자, 감초 등을 달여서 복용하면 효과가 있다.

2. 이뇨작용

   소변을 잘 나오게 하는 약재로 이름이 높다. 콩팥염이나 심장병으로 인한 부종, 신경통이나 관절염으로 인한 부종, 임산부의 부종에 잘 든다.

::으름덩굴 차 만들기

• 재료: 으름덩굴 뿌리와 줄기 10g, 물 1ℓ, 감초

1. 뿌리와 가지, 열매를 말린 뒤 가루를 낸다.
2. 뿌리와 줄기 10g과 감초를 넣고 물을 끓인다.
3. 물의 양이 절반이 되도록 달인 후 하루 3번 나눠 마신다.

::주의

많은 양을 복용할 경우, 유산이나 임신 불능으로 만들기도 하므로 주의.

09

癌

마름열매(마름과)

⊛학명: Trapa japonica
⊛생약명: 능실(菱實), 수율(水栗) ⊛다른 이름: 능초, 능, 능각, 말음풀

- 분포지역: 전국 각지
- 서식장소: 산기슭이나 풀밭의 볕이 잘 드는 곳
- 크기: 30~50cm 정도
- 형태: 마름과의 한해살이 풀
- 채취시기: 늦여름과 가을
- 개화시기: 7~8월

마름과의 한해살이 풀이며, 물 위에 떠서 자란다. 뿌리는 물 밑의 진흙 속에 내리며, 물 위까지 뻗어 있는 줄기 끝에 많은 잎들이 빽빽하게 달린다. 물속에서 나오는 잎은 가는 실처럼 갈라져, 얼핏 보면 줄기에서 가는 뿌리들이 나와 있는 것처럼 보인다. 물 위에 나와 있는 잎 가장자리에는 큰 톱니들이 고르지 않게 나 있다. 꽃은 흰색이며, 7~8월에 잎의 겨드랑이에 1송이씩 핀다. 열매를 물에서 나는 밤이라고 하여 물밤이라고 부르는데, 녹말과 지방 함유량이 많다.

::채취

줄기와 잎은 여름철 개화기에 채취하고, 열매는 8~9월에 채취한다.

::식용 및 복용

1. 위암, 식도암, 자궁암에 열매를 가루 내어 하루 6g 정도 꿀물에 타서 복용한다. 또 마름열매, 율무, 번행초, 등나무 혹을 함께 달여서 하루 3번 나누어 복용한다.
2. 흙으로 만든 그릇에 열매 30개를 넣어 약한 불로 오래 달여서 그 물을 하루 3~4번 복용하면, 병원에서 포기한 위암이나 자궁암 환자도 희망을 가질 수 있다. 〈가정간호의 비결, 일본〉
3. 자궁암에는 달인 물을 마시고 그 물로 환부를 자주 씻어주면 좋다.

::효능

1. 항암효과
2. 열매는 술독을 풀고 더위 먹은 것을 고치는 약으로 이름이 높다.
3. 오래 먹으면 몸이 가벼워지고 눈이 밝아지며 더위를 타지 않는다.

::마름열매(능실) 죽 만들기

능실죽은 백미죽이 다 되었을 때 능실가루를 거의 1:1 또는 2:1 비율로 넣어 끓이며, 능실가루는 성숙한 능실의 외피를 삶아서 부드럽게 하여 제거한 후 속의 알맹이를 가루로 하여 건조시켜 보관했다가 필요할 때 쓰면 된다. 위암, 유방암, 자궁암 등 각종 암 치료의 보조요법으로 사용할 수 있다.

::효능

1. 잎과 줄기가 항암 작용을 한다. 중국에서 실험한 결과로 위암, 간암, 식도암 등에 치료 효과가 있을 뿐 아니라 병에 대한 저항력을 길러주는 것으로 인정되었다.
2. 신장과 간 기능을 좋게 한다. 뼈와 근육을 튼튼하게 하며, 모발이 희어지는 것과 이명증에도 효험이 있다.

::여정주 담그기

까맣게 익은 열매를 동지 무렵에 따서 물에 깨끗이 씻어 물기를 뺀 후 그릇에 담고, 재료의 3~4배 정도의 술을 붓고 밀봉하여 선선한 그늘에 6개월쯤 숙성시킨다. 그 후 건더기를 건져내고 아침, 저녁으로 조금씩 마신다.

::주의

야생으로 자란 것이어야 약효가 좋다. 울타리로 심거나 정원에 심은 것은 약효가 별로 없다. 가능하면 깊은 산속에서 자란 것을 채취한다.

❀산야초 효소의 상식

Q. 산야초 효소를 냉장고에 보관하지 않고 상온에 둔 지 너무 오래되어 맛이 시어져버렸다. 버려야 하나?

A. 그대로 음용해도 괜찮다. 효소 발효액은 아무리 시어 졌어도 꿀을 조금 타서 먹으면 맛이 다시 좋아진다. 신맛이 너무 강할 경우에는 꿀과 함께 물을 조금 타서 음용하면 된다.

♣tip

시중에서 효소를 만들어 파는 상인들은 대부분 각종 약초나 채소를 대충대충 아무렇게나 섞어서 만든다. '다섯 가지 이 상의 약초나 채소를 섞게 되면 독성이 서로 중화되어 없어지 거나 약해진다'는 논리 때문이다.

그러나 약초나 채소를 비롯해 모든 식물은 자신을 방어하기 위한 독毒을 지니고 있다. 이 독들은 때론 중화되거나 약해 지기도 하지만, 때론 강력한 독으로 탈바꿈되기도 한다. 따 라서 효소를 담글 때는 가급적 약초나 채소들을 따로 담는 것이 옳다.

10

癌

청미래덩굴(백합과)

✿학명: Smilax china L.
✿생약명: 토복령(土茯苓) ✿다른 이름: 망개나무, 명감나무, 매발톱가시

- 분포지역: 전국 각지
- 서식장소: 산지의 숲 가장자리
- 크기: 약 2m 정도
- 형태: 백합과 낙엽 덩굴식물
- 채취시기: 가을
- 개화시기: 5~6월

우리나라 산야에 흔히 자라는 덩굴성 떨기나무이다. 가을철에 빨갛게 익는 열매가 아름다워 곧잘 따먹기도 하는데, 맛은 별로 없다. 굵고 딱딱한 뿌리줄기가 꾸불꾸불 옆으로 길게 뻗어가며 약 2m 내외로 자라고, 갈고리 같은 가시가 달린다. 잎은 어긋나고 넓은 달걀 모양 또는 넓은 타원형이며, 두껍고 윤기가 난다. 열매는 식용하며, 어린순은 나물로 먹는다. 이뇨, 해독, 거풍 등의 효능이 있어 한방에서는 뿌리를 관절염, 요통, 종기 등에 사용한다.

::채취

늦가을이나 초겨울에 뿌리를 파서 수염을 제거하고 흙모래를 씻어낸 후 햇볕에 말린다.

::식용 및 복용

차로 달여 마시기도 하고, 담배 대용으로 피우기도 했다. 어린순은 나물로 먹으며, 찹쌀가루로 만든 떡을 청미래덩굴 잎 두 장 사이에 한 개씩 넣어 김이 오른 찜통에 쪄 낸다.

::효능

1. 관절염, 백혈병, 당뇨병, 만성 피부병, 각종 성병, 항암제.
2. 위암, 식도암, 간암, 직장암, 자궁암 등의 갖가지 암에 까마중, 부처손, 꾸지뽕나무 등과 함께 달여서 복용한다.
3. 중국이나 북한에서는 암 치료에 청미래덩굴 뿌리를 흔히 쓴다.
4. 실험 결과, 암에 걸린 흰쥐에 대한 종양 억제 효과는 30~50%, 생명 연장률은 50% 이상이었다.

::효소 담그기

1. 물기를 빼서 말린 뿌리와 감초, 생강, 대추를 섞어 그 세 배 정도의 물을 넣고, 절반 이하가 될 때까지 먼저 졸인다.
2. 열매와 설탕을 1:1 비율로 섞어 밀폐된 용기에 넣고, ①을 식혀서 붓는다.
3. 3개월 정도 발효시킨 후 건더기를 걸러낸 다음, 6개월~1년 정도 더 숙성시킨 뒤 음용한다.

11

癌

한련초(국화과)

❀학명: Eclipta prostrata L.
❀생약명: 묵한련(墨旱蓮) ❀다른 이름: 연자초, 한련자, 금릉초, 묵채

- 분포지역: 전국 각지
- 서식장소: 논둑이나 습지
- 크기: 10～60cm 정도
- 형태: 국화과의 한해살이 풀
- 채취시기: 늦봄～여름
- 개화시기: 8～9월

논둑이나 습지에서 흔히 자란다. 밑 부분이 비스듬히 자라다가 곧게 서며, 전체에 털이 있어 거친 느낌이다. 잎겨드랑이에서 가지가 갈라진다. 꽃은 8～9월에 피는데, 가지 끝과 원줄기 끝에 머리 꽃이 1개씩 달린다. 오랜 세월 한방과 민간요법으로 활용되어온 우리의 식물로서 어린줄기와 잎을 나물로 먹기도 한다. 독성이 없으므로, 한꺼번에 많은 양을 먹거나 오랫동안 복용하더라도 아무런 부작용이 없다.

::채취

꽃이 피는 한여름에 채취
해 그늘에서 잘 말린다.

::**효능**

1. 머리카락을 검게 하고, 정력제로 쓰인다.
2. 항암작용에도 탁월해서 중국에서는 자궁암, 식도암, 피부암 등에
   적절하게 사용한다.

::**복용법**

1. 자궁암- 한련초, 만삼, 감초, 흑목, 잔대, 태자삼, 여정자, 금은
   화, 복령 등을 한데 넣고 달여 복용한다.
2. 식도암- 즙을 짜서 하루 3번에 나눠 마신다.
3. 피부암- 한련초, 당귀, 백작약 각각 10g과 산약, 백출, 단삼, 목단
   피, 복령 각각 15g씩을 넣고 달여 마신다.

::**효소 담그기**

1. 뿌리와 줄기를 비롯하여 잎과 꽃까지 모두 깨끗이 씻은 다음, 적
   당한 크기로 자른다.
2. 설탕과의 비율을 1:1로 버무린 다음, 발효 통에 차곡차곡 재운다.
3. 남은 설탕을 위층에 얇게 덮는다.
4. 최소 3개월 1차 발효 후 건더기를 걸러내고, 발효액을 온도 변화
   가 크지 않은 곳에서 와인처럼 6개월 더 발효시킨다.
5. 기호에 따라 물과 희석해서 응용해도 좋고, 잠자기 전에 소주잔으
   로 한두 잔 정도 마셔도 좋다.

가시오갈피 (두릅나무과)

❀학명: Acanthopanax senticosus
❀생약명: 자오가피(刺五加皮) ❀다른 이름: 가시오가피, 민가시오갈피

- 분포지역: 전국 각지
- 서식장소: 깊은 산의 골짜기
- 크기: 2~3m 정도
- 형태: 두릅나무과의 낙엽 관목
- 채취시기: 여름~가을
- 개화시기: 6~7월

깊은 산지 계곡에서 자란다. 높이는 2~3 m이다. 전체에 가늘고 긴 가시가 빽빽이 나며, 특히 잎자루 밑에 가시가 많다. 잎은 손바닥 모양 겹잎으로 어긋나고, 넓은 타원형의 작은 잎이 3~5개 나오며 톱니가 있다. 6~7월에 자황색 꽃이 가지 끝에 1개씩 달린다. 우리나라

에는 오갈피나무가 여러 종류 자라고 있는데, 그 중에서 중부
와 북부 지방의 높은 산골짜기에서 자라는 가시오갈피가 항
종양 작용을 비롯해 약효가 가장 높은 것으로 밝혀졌다.

:: 채취
낙엽이 지고 약성이 껍질로 이동하는 9~10월이 가장 좋다.

:: 식용 및 복용
소화기 계통의 암에는 가래나무의 덜 익은 푸른 열매와 가시오갈피
를 2개월 동안 술로 우려내어 복용한다.

:: 열매 효소 담그기
• 열매를 깨끗하게 씻은 후 재료와 설탕의 비율 1:1로 하여 켜켜이
  용기에 넣고, 맨 위에 나머지 설탕을 덮어준다.
• 관리 초기에는 설탕이 잘 녹도록 골고루 섞어주고 3개월간 발효시
  킨 다음, 건더기를 건져내고 1년 정도 더 숙성시킨 뒤 음용한다.

::효능 및 임상실험

1. 적혈구와 백혈구의 수를 늘리며, 면역작용을 강화한다. 따라서 종양을 치료하는 효과가 있다. 또한 신경쇠약, 성기능 장애에도 탁월하다.
2. 일본에서 판매하는 오갈피 달인 물은 암세포 억제율이 90%를 넘는다.
3. 중국에서는 위암에 가시오갈피 진액으로 만든 알약을 3개씩 하루에 3번 복용하여 효과를 많이 본다.
4. 북한에서도 유선암, 구강암에 가시오갈피를 애용한다.

::가시오갈피 약차 만들기

1. 잎 – 6~7월경에 채취하여 말린 오갈피 잎 몇 조각을 끓는 물에 넣고 우려내어 마신다. 처음에는 쌉쌀한 맛이 돌지만, 마시고 난 후에 향기가 오래도록 남고 입 안이 개운하다.
2. 뿌리껍질 – 잘게 썬 껍질을 살짝 볶아 약한 불에서 천천히 달인다. 보통 2ℓ 정도의 물에 10g을 넣고 물이 반 정도 될 때까지 달인다. 달인 물에 끓인 물을 부어 묽게 해서 마신다. 너무 진하면 쓴맛이 강하므로 묽게 해서 마시는 것이 좋다.
3. 열매 – 오갈피 열매는 손으로 스치기만 해도 향기가 묻어날 정도로 강하다. 열매를 잘 말려 몇 알씩 뜨거운 물에 우려내어 마신다. 너무 많은 열매를 넣고 우려내면, 강한 향 때문에 마시기가 불편하다.

❀약성 용어 익히기

보허補虛-기운 부족한 것을 채워 줌

활혈活血-피의 원활한 순환을 도와줌

유정遺精-몽정

양위陽萎-발기부전

익신益腎-신장을 이롭게 함

진경鎭痙-경련을 가라앉힘

진전振顫-무의식적으로 일어나는 근육의 불규칙한 운동

청열淸熱-스트레스로 유발되는 신경성의 심한 통증

경풍驚風-어린아이가 경련을 일으키는 병

옹종癰腫-부어오른 종기. 종기보다 크고 깊은 상태

거풍祛風-풍을 제거함

지통止痛-아픔이 그침

소종消腫-종양. 악성으로 발전할 수 있는 종양

부종浮腫-조직에 림프액이 고여 몸이 부어오른 증상

수종水腫-음낭 등 특정부위에 액체가 고이는 증상

종창腫脹-신체의 국부가 부어오르는 증상

종기腫氣-살갗의 한 부분이 곪아 고름이 잡히는 병

기혈氣血-인체의 생기와 혈액

건위健胃-위를 튼튼하게 함

폐열肺熱-폐의 열기

이뇨利尿-오줌을 잘 나오게 함

수렴收斂-혈관 등을 오그라들게 함

13

癌

어성초(삼백초과)

⊛학명: Houttuynia cordata Thunb.
⊛생약명: 약모밀 ⊛다른 이름: 취채, 팔관채, 십약, 즙채, 중약초

- 분포지역: 중부 이남, 울릉도, 거제도
- 서식장소: 낮은 산과 들, 길섶의 습한 곳
- 크기: 30~50cm 정도
- 형태: 삼백초과의 여러해살이 풀
- 채취시기: 여름~가을
- 개화시기: 5~7월

줄기와 잎에서 물고기 비린내가 난다고 하여 어성초라는 이름이 붙여졌다. 응달진 숲속에서 자라며, 땅속줄기가 옆으로 길게 뻗고 가늘며 흰색이다. 줄기는 곧게 서고 높이가 30~50cm

이며, 몇 개의 세로줄이 있고 털은 없다. 잎은 넓은 달걀 모양의 심장형으로, 끝이 뾰족하며 가장자리가 밋밋하다. 꽃은 5~6월에 피고 꽃이 피기 전의 식물체를 이뇨제와 구충제로 사용하는데, 종기가 났거나 독충에 물렸을 때 잎을 짓찧어 바르면 효과가 좋다.

::채취
생 뿌리 약성이 제일 좋은 10월.

::식용 및 복용
1. 깨끗이 씻은 생 뿌리를 녹즙기에 짜서 냉장고에 보관하고, 하루 3번 마신다.
2. 암이나 간경화 등 중병에는 반드시 생즙을 마셔야 하며, 마시는 양도 곱절로 늘려야 한다.

::효능 및 임상결과
1. 염증 해독약으로 임질, 요도염, 방광염, 자궁염, 폐렴, 기관지염, 복수, 무좀, 치루 등에 쓰고 암 치료 처방에는 보조 약으로 흔히 쓴다. 〈암류방치연구, 중국〉
2. 폐암 중기 환자 38명을 치료하여, 22명의 증상이 진전되지 않고 안정 상태에 이르렀다. 〈중국〉
3. 23명의 폐암 환자를 치료하여, 모두가 1년 이상 생명을 유지했다. 〈절강 중의학원 종양연구실, 중국〉

::복용법
1. 생즙이 효과가 가장 빠르고 크다. 생초를 깨끗이 씻어서 물기를 말린 다음, 녹즙기로 짜서 하루 3번 식후에 소주잔으로 1~2잔 마신다. 생즙이 역겨운 사람은 과즙이나 꿀과 섞어 마신다.
2. 생즙을 짜고 난 찌꺼기는 얼굴이나 손발 등을 마사지하고, 끓여서 목욕물에 넣거나 좌욕을 한다. 새나 닭의 모이로 주어도 좋고, 화분에 놓아두면 화초가 싱싱해진다.

14

癌

까마중(가지과)

⊛학명: Solanum nigrum
⊛생약명: 용규(龍葵) ⊛다른 이름: 강태, 까마종, 깜푸라지, 먹딸기

• 분포지역: 전국 각지
• 서식장소: 밭, 길가
• 크기: 20~90cm 정도
• 형태: 가지과의 한해살이 풀
• 채취시기: 봄~가을
• 개화시기: 5~7

밭이나 길가에서 흔히 자란다. 높이는 20~90cm 정도이다. 줄기는 약간 모가 나고, 가지가 옆으로 많이 퍼진다. 잎은 어긋나고 달걀 모양이며 길이 6~10cm, 너비 4~6cm이다. 가장자리에 물결 모양의 톱니가 있거나 밋밋하고, 긴 잎자루가 있다.

::**채취**

봄에 어린잎을 따거나, 여름~가을에 걸쳐 전초를 캐서 말린다.

::**식용 및 약용**

1. 어린잎은 나물로 삶아 먹기도 하고 잡채, 비빔밥에 넣기도 한다. 까맣게 익은 열매를 먹을 수는 있지만, 약간의 유독성분이 있으므로 가급적 따먹지 않는 게 좋다.

2. 만성 기관지염, 신장염, 고혈압, 황달, 종기, 암 등에 처방한다. 생풀을 짓찧어 병이나 상처 난 곳에 붙이거나, 달여서 환부를 닦아낸다. 뿌리를 포함한 모든 부분을 3배량 이상의 도수 높은 소주에 담가 3개월 정도 숙성시켜, 취침 전에 조금씩 마신다.

::**효능**

1. 항암효과

   모든 암에 항암효과가 있다. 전초를 말린 까마중 160g을 물 1.8ℓ에 넣고 푹 달여 틈틈이 마시면 방광암, 위암, 폐암, 백혈병, 유방암, 간암, 자궁암 등에 효과가 있다.

2. 각혈 치료

   까마중 가루와 인삼가루를 물에 타서 마시면 각혈이 쉽게 치유된다.

3. 기침가래 치료

   까마중 열매를 가루로 내어 아침 저녁으로 물에 타서 복용하면, 가래와 기침이 멎는다.

→그 외 암을 고치는 산야초

금은화 달여서 차처럼 마시면 위암이나 폐암에 좋다.

밭마늘 폐암의 경우 즙을 짜내 하루 두 번 복용한다.

상황버섯 국내의 모든 식물 중 항암력이 가장 뛰어나다.

대추 짚신나물과 함께 진하게 달여 하루에 6번 복용하면 위암에
상당한 효과가 있다.

차전자 항암효과가 높아 암세포의 진행을 80% 억제한다.

머위 독일, 스위스, 프랑스에서 탁월한 항암치료약으로
인정받은 약초다.

소리쟁이 민간요법으로 각종 암의 치료에 활용되고 있다.

일엽초 하루 10~15g을 달여 3번에 나누어 먹으면 효과가 있다.

지치 유황오리 한 마리에 지치 2근을 넣고 소주를 한 말쯤 부어
약한 불로 10시간쯤 달여 복용한다. 위암, 자궁암, 갑상선암
에 좋다.

가을의 산야초

01 쑥부쟁이 (국화과)

秋

❀학명: Aster yomena
❀생약명: 산백국(山白菊) ❀다른 이름: 권영초, 왜쑥부쟁이, 가새쑥부쟁이

- 분포지역: 전국 각지
- 서식장소: 습기가 있는 산과 들
- 크기: 30~100cm 정도
- 형태: 국화과의 여러해살이 풀
- 채취시기: 가을
- 개화시기: 7~10월

산과 들의 다소 습기가 있는 곳, 광야의 풀밭에서 자란다. 처음에 싹이 나올 때는 붉은빛이 강하지만, 자라면서 녹색 바탕에 자줏빛이 돈다. 줄기는 30~100cm 높이로 곧게 서며 가지가 갈라지고, 7~10월에 줄기와 가지 끝마다 두상화가 하늘을 보고 자주색 꽃잎을 피운다. 여름과 가을 사이에 전초를 채취하여 말려서 약재로 사용하는데, 심장과 관련된 질환에 주로 쓰이는 약초로 예부터 알려져 오고 있다.

::채취

여름, 가을에 꽃이나 전초를 채취하여 신선한 것을 쓰거나 햇볕에 말린다.

::식용

어린 싹은 나물이나 국거리로 식용이 가능하다. 전초 말린 것은 약용한다.

::효능

편도선염, 기관지염, 진해, 거담, 유방염, 종기, 노인성 만성 기관지염에 좋고, 독사에 물리거나 코피 나는 데, 천식에도 잘 듣는다.

::쑥부쟁이 차 만들기

1. 꽃은 가운데 노란 부분이 싱싱하고 봉긋이 올라온 것을 택한다.
2. 깨끗하게 씻은 뒤 끓는 물에 넣어 살짝 데친다.
3. 죽염을 약간 넣어준다.
4. 데치고 난 쑥부쟁이 꽃을 찬물에 깨끗이 씻어준다.
5. 온돌방이나 건조기를 이용해 건조시킨다.
6. 밀폐된 용기에 담아 선선한 곳에서 보관한다.
7. 주전자에 꽃 2~3 송이를 넣고 1분 정도 끓인 후 마신다.

秋

구절초(국화과)

❀학명: Chrysanthemum zawadskii var. latilobum
❀생약명: 선모초(仙母草) ❀다른 이름: 구일초, 들국화, 고뽕

• 분포지역: 전국 각지
• 서식장소: 산기슭이나 풀밭
• 크기: 50cm 정도
• 형태: 국화과의 여러해살이 풀
• 채취시기: 봄
• 개화시기: 9~10월

산기슭 풀밭에서 자란다. 높이 50cm 정도로 땅속줄기가 옆으로 길게 뻗으면서 번식한다. 음력 9월 9일에 채집하여 쓰면 약효가 가장 뛰어나다고 해서 구절초라 부른다. 꽃은 흰색 또는 연한 보라로 가을에 핀다. 구절초는 몸을 덥혀주는 효능이 있어 특히 부인병 치료에 좋다. 민간에서는 장기 복용하면 생리불순이 치료되고 임신이 된다고 알려져 있으며, 한방에서도 여성의 자궁이 허약하고 차서 생기는 생리불순, 생리통, 불임증 등에 전초를 사용한다. 이 밖에 진통 소염, 기침, 감기 등에도 효과가 좋다.

::채취
9~10월에 꽃이 핀 줄기를 채취하여 벽에 매달아 말린다.

::식용
어린잎은 살짝 데친 다음 나물로 무쳐 먹는다.

::효능 및 복용법
1. 치풍, 부인병, 위장병에 꽃이 달린 풀 전체를 처방한다.
2. 체취가 심하거나 입에서 냄새가 나면, 구절초 끓인 물에 양치질을 하면 좋다.
3. 월경불순, 대하증, 뱃속이 냉할 때 구절초 20g에 물 700cc를 붓고 물이 반으로 줄어들 때까지 달여 냉장고에 넣어두고 식수 대용으로 마신다.

::구절초 꽃차 만들기
1. 구절초 꽃을 따서 깨끗하게 씻어 말린다.
2. 꽃과 꿀을 1:1 비율로 재워 유리병이나 밀폐된 용기에 넣는다.
3. 약 한 달 정도 숙성시킨다.
4. 한두 스푼을 떠서 끓는 물을 부어 열탕으로 마신다.
5. 뜨거운 물을 부어야 꽃잎이 제대로 우러나고 떫은맛이 없다.
6. 두세 번 재탕해도 좋다.

03 꽃향유 (꿀풀과)

秋

🌸학명: Elsholtzia splendens Nakai
🌸생약명: 야어향(野魚香) 🌸다른 이름: 붉은 향유, 향여, 야소

- 분포지역: 중부 · 남부의 산야, 제주도
- 서식장소: 산야나 약간 메마르고 건조한 자갈밭
- 크기: 50~60cm 정도
- 형태: 꿀풀과의 여러해살이 풀
- 채취시기: 가을
- 개화시기: 9~10월

가을에 꽃이 피었을 때 아름답고 방향의 향기가 좋아 꽃향유라는 이름이 붙었다. 줄기에 흰털이 많으며, 높이는 60cm쯤 된다. 잎은 달걀 모양으로 끝이 뾰족하고, 가장자리에 둔한 톱니가 있다. 9월부터 자주색 꽃이 피어나기 시작하여 서리 내리는 초겨울까지도 꽃송이를 피워 올리는 강인한 성품으로, 무리를 지어 피는 특징이 있다. 꿀풀과의 꽃이라 나비, 벌들이 많이 모이는 산야초이다.

::채취
늦가을, 음력 9~10월에 이삭이 나온 뒤에 채취한다.

::식용
어린순과 잎은 나물로 먹는다.

::효능 및 용법
1. 해열, 발한, 이뇨의 효능이 있고 위를 편하게 해준다. 또한 감기와 오한, 두통, 복통, 구토, 설사약으로도 쓰인다.
2. 말린 약재를 1회에 2~4g씩 200cc의 물로 달이거나, 가루로 빻아 복용하면 좋다. 종기의 치료에는 생풀을 짓찧어 헝겊에 말아 환부에 붙인다.

::가을의 효소 재료들
…9월

오미자, 으름, 개다래, 다래, 담쟁이, 제비꽃, 양파, 산초, 머루, 감

…10월

꾸지뽕, 당귀, 대추, 탱자, 돌배, 석류, 작약, 용담, 비자나무. 모과

04 왕고들빼기 (국화과)

秋

🌑학명: Lactuca indica var. laciniata HARA
🌑생약명: 백룡두(白龍頭), 고개채(苦芥菜)   🌑다른 이름: 산와거, 산생채

- 분포지역: 전국 각지
- 서식장소: 들
- 크기: 1~2m 정도
- 형태: 국화과의 한두 해살이 풀
- 채취시기: 봄~여름
- 개화시기: 7~10월

볕이 잘 드는 들이나 풀밭에서 흔히 자란다. 줄기는 높이 1~2m까지 자라며 곧게 선다. 뿌리에서 나는 잎은 꽃이 필 때 없어지고, 줄기 잎은 깃 모양으로 깊게 갈라지며 뒷면이 흰색을 띤다. 손으로 꺾어보면 흰색의 유즙이 나오는데 쌉쌀한 맛이 난다. 이 쓴맛이 나는 유즙이 영양 덩어리이다. 해열, 양혈, 소종, 건위의 효능이 있고, 편도선염, 인후염, 자궁염, 유선염, 종기, 부스럼을 낫게 한다. 달이거나 즙을 내어 먹거나 환부에 짓찧어 사용하면 좋다.

::채취
봄에서 여름에 채취하여 햇볕에 말려서 사용한다.

::식용
연한 잎과 뿌리를 식용한다. 뿌리째 살짝 데쳐서 무쳐 먹거나, 된장 국을 끓여 먹어도 좋다. 생채는 쌈으로 먹는다.

::효능
1. 자궁염, 종기, 감기, 편도선염, 인후염, 유선염.
2. 백혈구 감소증에 좋고 항산화, 항노화, 항암, 항방사능 작용과 심 장근육 강화 효능이 있다.
3. 가장 널리 알려진 효능은 동맥경화 개선, 혈관 강화, 콜레스테롤 강하, 혈당수치를 낮추는 효능이다.

::효소 담그기
1. 채취한 왕고들빼기를 흐르는 물에 씻어 적당한 크기로 썰어준다.
2. 설탕과 왕고들빼기를 1 : 0.8로 섞어 용기에 넣고 잘 버무린다.
3. 남은 설탕을 맨 위에 덮고 용기를 밀봉한다.
4. 3~4개월 후 건더기는 건져내어 갖은 양념으로 무쳐 먹고, 진액은 6개월 정도 더 숙성시킨 후 음용한다.

수리취(국화과)

秋

❀학명: Synurus deltoides (Aiton) Nakai
❀생약명: 산우방(山牛蒡) ❀다른 이름: 떡취, 개취, 조선수리취

05

- 분포지역: 전국 각지
- 서식장소: 산이나 풀밭의 볕이 잘 드는 곳
- 크기: 40~100cm 정도
- 형태: 국화과의 여러해살이 풀
- 채취시기: 가을
- 개화시기: 9~10월

우리나라 각처의 산이나 들에 나는 다년초이다. 줄기는 곧게 서고 높이가 40~100cm이며, 위쪽에서 약간의 가지를 친다. 줄기는 길고 굵으며 흰 솜털이 약간 있다. 잎은 우엉 잎과 비슷한 생김새를 가지고 있으며, 마디마다 서로 어긋나게 자란다. 아래쪽 잎일수록 크고 잎자루가 길다. 잎 뒷면에는 흰 솜털이 깔려 있어 희게 보인다. 꽃은 보랏빛이며, 가지 끝에 두 송이 정도가 달린다. 가을에 열매가 익은 후에 열매 송이를 채취하여 당뇨병, 폐결핵, 기침, 폐렴 등의 약재로 사용한다.

::채취

9월부터 11월에 채취하여 그늘에 말려서 사용한다.

::식용 및 약용

1. 나물로 무쳐 먹거나, 묵나물 또는 떡을 해 먹기도 하는데, 단오에 먹는 수리취 절편이 유명하다.
2. 풀 전체를 지혈 · 부종 · 토혈 등에 약용한다.

::효능 및 약리작용

1. 당뇨병, 지혈, 이뇨, 소염, 해독, 종창, 항암.
2. 약리실험에서 소염작용, 이뇨작용, 억균작용 등이 밝혀졌으며 폐렴, 기관지염에도 쓴다. 하루 3~9g을 달여 먹거나, 가루 내어 먹는다.
3. 외용약으로 쓸 때는 달인 물로 씻거나 양치질을 한다.
4. 위염, 위 십이지장궤양에는 전초를 뿌리째 캐어 하루 10g 정도 달여서 하루 3번 나누어 먹는다.

06 오이풀(장미과)

秋

⊛학명: Sanguisorba officinalis L.
⊛생약명: 지유(地楡) ⊛다른 이름: 지유자, 지아, 산홍조, 외순나물

- 분포지역: 전국 각지
- 서식장소: 양지바른 산이나 들, 초원
- 크기: 40~100cm 정도
- 형태: 장미과의 여러해살이 풀
- 채취시기: 가을 또는 이른 봄
- 개화시기: 7~10월

약초의 대왕이라 불리는 오이풀은 양지바른 산이나 들에 흔히 자라며, 높은 산 바위틈 험한 곳에서 자라기도 한다. 뿌리는 굵고 딱딱하며, 쪼개보면 오이냄새가 난다. 줄기는 곧고 40~100cm까지 자라며, 긴 자루 끝에 작은 잎이 여러 장 달린다. 꽃은 7~10월에 피고, 8~11월에 씨앗이 익는다. 오이풀은 설사 억제와 지혈, 새살을 돋게 하는 효능을 갖고 있다. 갖가지 균을 죽이고 혈압을 낮추는 작용도 한다. 한방에서는 생리불순, 위산과다, 종기, 화상 등에도 쓴다.

::**채취**

늦가을 또는 이른 봄에 채
취하여 햇볕에 말려 잘게
썬 후 보관한다.

::**식용**

탄수화물, 단백질, 지방, 무기질이 고루 들어 있으므로 나물로 먹으
면 좋다. 봄철에 새로 돋아난 어린잎을 나물로 무쳐 먹거나, 생즙을
내어 먹는다.

::**효능**

간경화, 지방간, 황달, 급성위염, 대장염, 위궤양, 고혈압, 해열, 이
질, 지혈, 월경과다, 각종 피부병, 상처 및 화상과 열상. 특히 뿌리는
지혈작용이 강하여 장출혈, 자궁출혈, 치질출혈, 토혈 등의 치료제로
쓰인다.

::**증상별 약리작용**

1. 화상에 최고의 명약이다.
   잎이나 뿌리를 짓찧어 붙이면 신통하다 싶을 만큼 잘 낫는다. 3도
   화상에도 생즙을 내어 식용과 더불어 환부에 붙이면 20일 이내에
   깨끗하게 낫는다.
2. 만성 대장염, 설사.
   뿌리를 달여서 마시면 즉시 효과가 있다. 새싹을 따서 그늘에 말
   린 것 3~8g을 달여서 수시로 마셔도 같은 효과가 있다.
3. 대변에 피가 섞여 나오거나, 자궁출혈, 월경과다.
   뿌리 20~35g을 물로 달여서 마시면 곧 피가 멎는다.

07

秋

비비추(백합과)

❀학명: Hosta longipes (FR. et. SAV.)
❀생약명: 자옥잠(紫玉簪) ❀다른 이름: 장병백합, 장병옥잠, 옥잠화

• 분포지역: 전국 각지
• 서식장소: 그늘진 산속, 냇가
• 크기: 30~40cm 정도
• 형태: 백합과의 여러해살이 풀
• 채취시기: 가을
• 개화시기: 7~8월

잎의 모양이 옥잠화와 비슷하여 혼동하기 쉽지만, 둘은 다른 종의 식물이다. 옥잠화는 비비추보다 꽃이 약간 크고 흰색이며, 비비추는 보랏빛이다. 산지의 그늘진 곳이나 냇가에서 잘 자라며, 키는 30~40cm 정도로 7~8월에 연한 자줏빛 꽃을 피운다. 철분과 비타민 C가 많이 함유되어 있는 고급 산채로, 어린잎을 먹을 때 잎에서 거품이 나올 정도까지 손으로 비벼서 먹는다 하여 비비추라고 부른다.

::채취
7~8월 개화기에 채취하여 햇볕에 말린다.

::식용
어린순은 날것으로 된장 쌈을 싸 먹거나, 데친 뒤에 초고추장에 찍어 먹으면 좋다. 된장국을 끓여 먹어도 좋고, 다른 나물처럼 무침으로 먹기도 한다.

::효능 및 약용
1. 꽃, 뿌리, 잎 모두 약용한다.
2. 인삼의 성분인 사포닌이 들어 있어 피부궤양, 결핵, 진통, 소염, 항균 등에 좋은 치료제이다.
2. 부스럼이나 여드름에 잎 즙을 바르면 효과가 있다.
3. 민간에서는 젖앓이와 중이염, 피부궤양 등에 뿌리줄기를 달여서 먹는다.
4. 쓴맛이나 떫은맛, 억센 섬유질 등의 단점이 하나도 없는 특별한 산나물이다.

08

秋

맥문동(백합과)

⊛학명: Liriope platyphylla F.T.Wang & T.Tang
⊛생약명: 맥문동(麥門冬) ⊛다른 이름: 문동, 맥동, 오구, 우구

- 분포지역: 전국 각지
- 서식장소: 산기슭이나 풀밭의 그늘진 곳
- 크기: 30~50cm 정도
- 형태: 백합과의 여러해살이 풀
- 채취시기: 가을, 봄
- 개화시기: 5~6월

산과 들의 그늘진 곳에서 자라는 백합과의 여러해살이 풀이다. 뿌리가 보리와 비슷하고 잎이 겨울에도 시들지 않는다고 하여 맥문동, 또는 맥동이라 부른다. 사철 푸른 다년생초로 뿌리줄기에 많은 수염뿌리가 나며, 수염뿌리에 작은 덩이 모양으로 된 부분이 있다. 잎은 뿌리에서 떨기로 나며, 좁은 띠 모양이다. 잎 사이에서 꽃대가 나와 이른 여름에 연한 보라색 꽃이 송이꽃차례를 이루고 핀다. 열매는 물열매이고 둥근 모양이다. 심장병과 자양강장 목적으로 예부터 널리 이용되어온 약초이다.

::채취

가을 또는 봄에 뿌리를 캐어, 덩이뿌리만을 골라 수염뿌리를 다듬고
물에 씻어 햇볕에 말린다.

::식용 및 복용법

1. 맥문동 15~20g을 물 500cc에 넣고 물의 양이 2/3로 될 때까지 달
   인다. 이렇게 만들어진 330cc가 하루 양이다.
2. 잘게 썬 맥문동을 소주에 담가 2개월 이상 어둡고 찬 곳에 두었다
   가 아침, 저녁 소주잔으로 한두 잔씩 마신다.
3. 덩이뿌리를 잘게 썰어 10배 양의 물로 달여 꿀을 타서 마신다.

::효능

1. 탁월한 진해거담 작용으로 가래를 효과적으로 제거해주며, 기침
   을 멎게 한다.
2. 폐의 건강을 유지하고 보해주는 효능이 있어, 폐결핵을 비롯한 폐
   관련 질환을 예방하고 치료한다.
3. 기가 허하고 허약한 체질을 개선해주며, 감기 등과 같은 잔병치레
   에 큰 도움이 된다.
4. 혈당강하 작용으로 당뇨를 예방하고 치료하는 데 매우 효과적이다.
5. 위를 진정시키고 위의 진액을 보해주기 때문에 만성 위염을 치료
   한다.

미역취(국화과)

⊛학명: Solidago virga-aurea var. asiatica
⊛생약명: 일지황화(一枝黃花) ⊛다른 이름: 토택란, 야황국, 만산황

- 분포지역: 전국 각지
- 서식장소: 산이나 들의 볕이 잘 드는 곳
- 크기: 30~90cm 정도
- 형태: 국화과의 여러해살이 풀
- 채취시기: 여름~가을
- 개화시기: 7~10월

미역취는 취나물의 일종으로 돼지나물이라고도 한다. 산과 들의 볕이 잘 드는 풀밭에서 많이 자란다. 줄기는 곧게 서고 윗부분에서 가지가 갈라지며, 짙은 자주색이고 잔털이 있다.

꽃은 7~10월에 노란색으로 피고, 꽃이 필 때 뿌리에서 나온

잎은 없어진다. 줄기에서 나온 잎은 날개를 가진 잎자루가 있고 달걀 모양의 긴 타원형이며, 끝이 뾰족하고 가장자리에 톱니가 있다. 맛은 쓰고 성질은 차며, 한방에서는 전초를 말려 건위제, 강장제, 이뇨제로 쓴다.

::채취
여름과 가을 개화에 맞춰 전초를 채취하여 말려서 보관한다.

::식용 및 약용
1. 봄에 나오는 어린순은 삶아서 무쳐 먹는다.
2. 한 번에 말린 전초 3~6g과 물 200cc를 넣고 뭉근하게 달여서 차처럼 음용하며, 짓찧어서 바르거나 또는 달인 액으로 환부를 씻는다.
3. 매우 쓰지만 영양분이 많으므로 봄에 어린잎을 따서 나물무침, 볶음, 묵나물, 국을 끓여 먹는다.

::효능 및 민간요법
1. 신장염, 방광염, 두통에 효과가 있으며 이뇨, 해열, 진해, 건위 등의 효능이 있다.

2. 염증 해소 및 살균, 숙취 해소, 해독, 인후통 완화, 신장 기능 강화, 감기 예방에 탁월하다.
3. 무좀 치료에는 전초 50g에 물 1ℓ 를 넣고 30분 동안 달여서 환부를 씻는다. 또한 편도선염에는 줄기 잎 15~20g을 물 400cc에 넣고 반량이 될 때까지 달여서 양치질을 하면 효과가 좋다.

::효소 담그기

1. 미역취는 씻어 물기를 제거한 다음 잘게 잘라, 설탕 비율 1:1로 섞어 버무린다.
2. 항아리나 용기에 담고 한지나 면포를 이용해 입구를 잘 덮은 후 뚜껑을 닫는다.
3. 이틀 정도 지나 섞어주기를 두세 번 해준다.
4. 약 3개월 정도 지나 건더기는 걸러내고 발효 진액만 따로 담은 후 1년 정도 2차 숙성에 들어간다.
5. 숙성은 통풍이 잘 되고 볕이 안 드는 서늘한 곳이 좋다.
6. 2차 숙성 약 한 달 뒤부터 기호에 맞게 음용한다.

::효소 장아찌 담기

걸러낸 미역취 효소 건더기를 이용해 장아찌로 담가 먹으면 건강은 물론 잃었던 입맛도 되찾을 수 있다.

재료: 고추장, 간장, 참기름, 물엿, 통깨
- 미역취 효소 건더기를 깨끗이 헹군 후 탈탈 털어 용기에 담고 적당한 분량의 고추장, 간장, 참기름, 통깨로 무친 다음 물엿을 넣고 버무려 마무리 짓는다.
- 이틀 동안 숙성기간을 거친 다음, 식사 때마다 냉장고에서 꺼내 반찬으로 먹는다.

✽효소 복용 10계명

- 저항력 강화를 위해 빈속에 수시로 효소를 먹는다.
- 취침 전 물과 함께 효소를 먹고 자리에 눕는다.
- 고기 등 고단백 음식을 먹을 땐 복용량을 늘린다.
- 사우나에서 땀을 뺀 뒤에는 복용량을 늘린다.
- 비만이나 만성피로 환자는 아침식사를 효소로 대체한다.
- 술을 많이 마시는 자리에선 안주와 효소를 함께 먹는다.
- 흡연자는 비흡연자의 두 배 이상 먹는다.
- 야근, 공부 등 정신을 집중해야 할 땐 물과 효소를 계속 섭취한다.
- 탄산은 금물, 콜라와 함께 먹지 않는다.
- 카페인은 금물, 커피와 함께 먹지 않는다.

10
秋

찔레나무(장미과)

❀학명: Rosa multiflora Thunb. var. multiflora
❀생약명: 영실(英實) ❀다른 이름: 들장미, 새비나무, 석산호, 색미자

- **분포지역: 전국 각지**
- **서식장소: 산기슭이나 볕이 잘 드는 냇가와 골짜기**
- **크기: 1~2m 정도**
- **형태: 장미과의 낙엽관목**
- **채취시기: 여름~가을**
- **개화시기: 5월**

키는 2m 정도까지 자란다. 줄기와 어린가지에 잔털이 많고 갈고리 같은 가시가 달려 있지만, 없는 경우도 있다. 잎은 5~9장의 잔잎으로 이루어진 겹잎으로, 가장자리에는 톱니가 있다. 꽃은 5월경 가지 끝에 흰색 또는 연분홍색으로 피

며, 9월경 붉은색으로 열매가 둥그렇게 익는다. 가지가 활처럼 굽어지는 성질이 있어 울타리로도 많이 심고 있다. 봄에 새싹과 꽃잎을 날것으로 먹기도 하며, 가을에 열매를 따서 햇볕에 말린 것을 준하제, 이뇨제로도 쓴다. 간혹 해당화와 혼동되기도 하지만 서로 다른 식물이다.

::채취
1. 꽃은 5~6월 만발했을 때 맑은 날 채집하여 햇볕에 말린다.
2. 뿌리는 언제나 채취 가능하다.
3. 열매는 8~9월에 채취한다. 빨갛게 익기 전의 푸른색 열매가 좋으며, 그늘에서 말려 밀봉해서 저장한다.

::식용 및 약용
찔레나무는 하나도 버릴 게 없는 귀중한 약초이다. 연한 순은 살짝 데쳐서 나물로 먹기도 하며 꽃, 열매, 뿌리, 새순은 물론, 뿌리에 기생하는 버섯도 약으로 쓴다.

::효능

열을 내리고 습을 거두며 풍을 제거하고 혈액순환을 촉진시키며 해독하는 효능이 있다. 설사 복통, 치통, 당뇨병, 이질, 관절염, 신장염, 수종, 월경 불순, 타박상, 창절개선을 치료한다. 〈중약대사전, 중국〉

::증상별 약용법

1. 생리통, 생리불순, 변비, 신장염, 방광염

   열매를 달여서 하루 3번 복용하거나 가루 내어 먹는다.

2. 산후풍, 산후골절통, 부종, 어혈, 관절염

   찔레 뿌리로 술을 담가 먹으면 놀랄 만큼 효험을 본다.

3. 경기, 간질병

   찔레버섯 10~15g을 물 1ℓ에 넣고 한 시간쯤 달여서 하루 세 번 나누어 복용한다.

4. 성장 발육

   봄철의 찔레 새순은 생장조절 호르몬이 많이 들어 있어, 어린이의 성장 발육에 큰 도움이 된다.

❀수액−생명체에 가장 이로운 물

나무 속에 들어 있는 물인 수액은 생명체에 가장 이로운 물이다. 고혈압, 당뇨병 같은 병은 물론, 위장병, 신경통, 피부병 등에 좋은 효과가 있다. 고로쇠나무와 거제수나무는 말할 것도 없고, 일본에서는 삼나무 수액을 발효시켜 만병통치 음료로 사용하는데 신장이나 간장 기능을 좋게 하고 항암작용도 세다. 수액을 채취하지 못했을 때에는 잔가지, 수피, 뿌리를 다려서 마시면 수액과 똑같은 약효를 낸다.
수액을 채취할 수 있는 나무들은 다음과 같다.

• 박달나무, 피나무, 서나무, 층층나무, 호깨나무, 노각나무, 머루덩굴, 다래덩굴, 으름덩굴, 자작나무, 단풍나무, 고로쇠나무, 거제수나무, 삼나무

11 탱자나무(운향과)

秋

⊛학명: Poncirus trifoliata Rafin.
⊛생약명: 지실(枳實) ⊛다른 이름: 구귤, 지근피, 지여, 구귤자, 지각

- 분포지역: 중부 이남, 제주도
- 서식장소: 들이나 산기슭
- 크기: 3~4m 정도
- 형태: 운향과의 갈잎떨기나무
- 채취시기: 봄~가을
- 개화시기: 5월

키 3~4m의 낙엽관목이며, 귤나무를 닮았다 하여 구귤이나 지귤이라고도 부른다. 줄기는 많은 가지가 갈라지고 약간 평평하거나 모서리 져 있으며, 녹색을 띤다. 억세고 날카로운 가시가 어긋나 있어 울타리용으로 심기도 하였다. 꽃은 5월에 잎보다 먼저 흰색으로 피며, 잎겨드랑이에 달린다. 열매는 둥글고 노란색으로 9월에 익는데, 향기가 좋으나 먹지는 못한다. 한방에서 열매를 건위, 이뇨, 거담, 진통 등에 약으로 쓴다.

::채취
5~6월에 설익은 어린 탱
자(지실)를 수확한다.

::식용 및 약용
무엇보다도 피부가 가려울 때 좋다. 탱자를 달여 3~4일 동안 하루
2~3회씩 마시면 식중독, 알레르기 등 염증을 가라앉히고 해독작용
을 하여 가려움증을 멈추게 한다. 또한 어린잎을 달여 마시거나 덜
익은 열매를 달여 마시면 부기가 있을 때 부기를 가라앉히고, 소주에
3개월 정도 담갔다가 마시면 위가 튼튼해진다.

::효능
식중독 치료, 아토피, 피부질환 개선, 감기치료 예방, 부기 완화

::탱자 진액 만들기
1. 탱자와 설탕은 1:1 비율로 준비한다.
2. 납작하게 잘 썰어 탱자를 유리병에 넣는다.
3. 탱자가 보이지 않을 때까지 설탕으로 덮는다.
4. 설탕 위에 또다시 탱자를 넣는다.
5. 한 켜 한 켜 탱자를 깔고 설탕으로 잘 재운다.
6. 그대로 놓아두면 2~3일 후에는 설탕이 녹아 물이 된다. 만일 설탕
   이 덜 녹았으면, 젓가락 등을 이용하여 완전히 녹을 때까지 저어
   준다.
7. 밀봉하여 냉장 보관한 후 대략 3개월 후부터 음용한다.
8. 기호에 따라 따뜻한 물에 타서 마시거나, 시원하게 마시면 좋다.

12 마타리(마타리과)

秋

⊛학명: Patrinia scabiosaefolia Fisch. ex Trevir.
⊛생약명: 패장(敗醬) 다른 이름: 가양취, 미역취, 가얌취, 마초, 여랑화

- 분포지역: 전국 각지
- 서식장소: 햇볕 잘 내리쬐는 산
  길이나 풀숲
- 크기: 60~150cm 정도
- 형태: 마타리과의 여러해살이 풀
- 채취시기: 여름
- 개화시기: 6~10월

뿌리에서 장 썩은 구린내가 난
다 하여 패장이라는 속명을 가
지고 있다. 산이나 들에서 자
란다. 높이 60~150cm 내외이
고, 뿌리줄기는 굵으며 곧추
자란다. 윗부분에서 가지가 갈
라지고 털이 없으나, 밑 부분에는 털이 있으며 밑에서 새싹이
갈라져서 번식한다. 잎은 마주나며, 꽃은 여름부터 가을에 걸
쳐서 노란색으로 핀다. 연한 순을 나물로 이용하고 한방에서
는 전초를 소염, 어혈 또는 고름 빼는 약으로 사용한다.

::채취
이른 봄과 가을에 뿌리를 캐어서 물로 씻은 다음 햇볕에 말려 보관한다.

::식용 및 복용
어린 싹과 어린잎은 살짝 데쳐서 물에 담가 떫은맛을 없앤 후, 간장에 무쳐 먹는다.

::효능
1. 혈액을 맑게 하여 몸속을 잘 돌게 하며, 뭉쳐 있는 어혈을 풀어준다.
2. 고름이 빠져나오게 하고 독성을 풀어준다.
3. 산후 통증, 악성 대하증, 산후 어혈로 인한 복통, 자궁내막염, 자궁출혈, 산후의 병을 다스리는 부인과 계통의 치료약으로 쓴다.
4. 눈이 충혈되는 유행성 눈병에는 즙을 내어 눈을 씻는다.

::약용
1. 뿌리를 말려 가루로 빻아서 그대로 또는 가루를 꿀로 둥글게 빚어 복용한다.
2. 뿌리를 잘게 자른 후 소주에 담가 1개월 이상 숙성시켜서 공복에 마시는데, 이것이 좋은 효과를 나타낸다.
3. 모든 질환에 사용하는 적량은 하루 6~10g이다. 다량을 섭취하면 어지러움, 구역질이 날 수도 있다.
4. 악성 종기, 가려움증 같은 피부질환에는 잎과 뿌리를 짓찧어 붙이고 즙을 내어 바른다.

고혈압을 억제하는 산야초

두충(두충나무과)

⊛학명: Eucommia ulmoides Oliver
⊛생약명: 두충(杜仲) ⊛다른 이름: 두중, 목면, 사충, 사선, 사운피

• 분포지역: 중남부지방
• 서식장소: 산기슭과 들
• 크기: 약 10~20m 정도
• 형태: 두충나무과의 낙엽활엽 교목
• 채취시기: 5월
• 개화시기: 4~5월

중국에서는 인삼보다 귀했기 때문에 환상의 약초, 즉 선목으로 알려져 왔던 산야초로서 산과 들에서 자란다. 높이는 10~20m 정도이다.

잎은 마주 나고 대개 타원형으로 끝이 뾰족하며, 고르지 못한 톱니가 있다. 꽃은 4월에 잎겨드랑이에서 피는데, 꽃잎이 없다. 열매는 10월에 익고, 자르면 고무 같은 점질의 흰 실이 길게 늘어난다. 한방에서는 나무껍질을 강장제로, 민간에서는 잎을 달여서 당뇨, 고혈압에 쓰고 차로도 복용한다.

::채취

차로 사용하는 어린잎은 4월부터, 한약재로 사용되는 두충나무 껍질은 4월~6월 중순 사이에 채취하여 겉껍질은 제거하고 속껍질만 사용한다.

::식용 및 약용

1. 차처럼 수시로 마시면 혈압이 내리고 피로가 말끔히 가신다.
2. 껍질을 잘 말려서 20g 정도에 물 1.8ℓ를 붓고 물의 양이 절반이 될 때까지 약한 불로 달여 마신다.
3. 차로 복용할 때에 생것을 그냥 끓이는 것보다는 막걸리나 소금물에 담갔다가 말린 다음에 끓이면 효과를 더욱 크게 볼 수 있다.

::효능

1. 근육과 뼈 강화, 혈압 강하, 콜레스테롤 강하, 진통 효능.
2. 다리에 힘이 없고 허리가 아픈 데, 현기증, 발기부전 등에 잘 듣는다.
3. 여성에게는 임신 중의 요통, 출혈, 유산 방지에 사용한다.

::두충술 만들기

두충 150g을 잘게 썰어 용기에 넣은 뒤, 소주 1ℓ를 넣고 밀봉하여 시원한 곳에 보관한다. 하루에 한번씩 10일 동안 반복해서 가볍게 흔들어 준다. 10일 후에 개봉하여 액을 천으로 거르고, 설탕 150g을 넣어 녹인다. 천으로 거른 생약 찌꺼기 중 10분의 1 정도를 다시 용기에 넣는다. 1개월 후 마개를 열어 액을 천이나 여과지로 거른다. 하루에 3회 식사 중에 20cc 정도 마시면 좋다.

02 진달래(진달래과)

⊛학명: Rhododendron mucronulatum Turcz. var. mucronulatum
⊛생약명: 두견화(杜鵑花) ⊛다른 이름: 진달내, 진달래나무, 참꽃나무

- 분포지역: 전국 각지
- 서식장소: 산지의 볕이 잘 드는 곳
- 크기: 약 2~3m 정도
- 형태: 진달래과의 낙엽관목
- 채취시기: 4월
- 개화시기: 4월

산지의 볕이 잘 드는 곳에서 자란다. 높이는 2~3m 정도이고 줄기 윗부분에서 많은 가지가 갈라지며, 작은가지는 연한 갈색이고 비늘조각이 있다. 꽃은 4월에 잎보다 먼저 피고 가지 끝 부분의 곁눈에서 1개씩 나오지만, 2~5개가 모여 달리기도 한다. 꽃을 따서 먹을 수 있으므로 참꽃이라고 부르는데, 제주도에서 자라는 참꽃나무와는 다르다. 꽃을 날것으로 먹거나 화채 또는 술을 만들어 먹기도 한다.

::채취
꽃이 피는 4월 초에 채취하여 햇볕에 말려서 사용한다.

::식용 및 약용
1. 꽃–물로 달여 내복한다.
2. 열매–가루를 내어 먹는다.
3. 뿌리–깨끗이 씻고 썰어서 물로 달여서 먹거나 술에 담가 먹는다.

::효능 및 약용 방법
1. 급성 및 만성 기관지염, 고혈압, 감기 등에 쓰인다. 진달래에 들어 있는 안드로메토톡신이란 성분은 혈압을 내리는 작용을 한다.
2. 꽃을 말려서 만든 가루를 꿀에 개어 환을 만든다. 하루 3~4알씩 먹으면 오랜 기관지염이 낫는다. 또한 혈압을 내려주며, 신경통 류머티즘을 낮게 한다.

::진달래 차 만들기
숙취에 좋으며 노화를 방지한다. 식욕을 증진시키는 데 효과가 있으며 가래, 천식에도 좋다.
1. 꽃을 채취하여 수술을 제거한 후 깨끗이 씻어서 물기를 말린다.
2. 꽃잎과 꿀을 용기에 겹겹이 재운다.
3. 30일 정도 지나면 차로 우려내어 마실 수 있다.

03 취오동(마편초과)

血

※학명: Clerodendron trichotomum
※생약명: 취오동(臭梧桐) ※다른 이름: 해주상산, 개나무, 노나무, 개타리

- 분포지역: 중남부지방
- 서식장소: 산기슭이나 골짜기
- 크기: 약 3m 정도
- 형태: 마편초과의 낙엽관목
- 채취시기: 여름~가을
- 개화시기: 8~9월

길가와 산골짜기 산지와 계곡에서 자란다. 잎의 모양이나 가지의 생 김새가 오동나무와 비슷하지만 꽃 과 잎에서 누린내가 나기 때문에 냄새 나는 오동나무, 즉 취오동이 라고 부른다. 키는 3m쯤 자라고 줄기껍질은 회백색이며, 줄기를 꺾어보면 속이 하얗다. 잎은 달걀꼴로 마주나고 가장자리에 톱니 가 있다. 꽃은 엷은 붉은색으로 8월에 핀다. 잔가지와 뿌리를 말린 것을 해주상산이라 하며 고혈압, 감기, 마비 증세 등을 치료한다.

::채취
1. 잎과 잔가지 : 6~7월 꽃이 피기 전이나 8~10월의 꽃이 진 후에 꽃가지와 잎을 따서 단으로 묶어 햇볕에 말린다.
2. 뿌리 : 가을 후에 채취하여 흙, 잡물과 줄기를 제거한다.

::식용 및 약용
1. 어린잎은 나물로 먹는다.
2. 잎, 꽃, 줄기, 뿌리, 열매를 모두 약으로 쓴다.

::효능
무엇보다도 고혈압에 매우 좋고 편두통, 말라리아, 이질 등에도 효능이 있다. 잔가지와 잎을 약으로 쓰는데, 꽃 피기 전에 채취한 것이 꽃 핀 뒤에 채취한 것보다 효과가 높다. 하지만 열매가 익을 무렵에 채취한 것이나 오래 묵은 것은 약성이나 효과가 별로 없다.

::복용법
어린줄기 잘게 썬 것 10~20g을 달여 하루 3번에 나눠 식후에 복용하거나, 곱게 가루로 만들어 한번에 4~5g씩 하루 3번 식후에 먹는다.

04 패랭이꽃(석죽과)

❀학명: Dianthus chinensis L. var. chinensis
❀생약명: 구맥(瞿麥) ❀다른 이름: 석죽화, 대란, 산구맥

• 분포지역: 전국 각지
• 서식장소: 낮은 지대의 건조한 곳, 냇가
• 크기: 약 30cm 정도
• 형태: 석죽과의 여러해살이 풀
• 채취시기: 5월
• 개화시기: 6~8월

패랭이꽃은 산과 들에서 흔히 볼 수 있는 들꽃이다. 석죽이라고도 하며, 참대풀이라 부르기도 한다. 우리나라 어디에서나 자라며 키는 30cm 정도이고, 한 포기에서 여러 개의 줄기가 나와서 곧게 자란다. 가지와 잎이 분을 바른 듯 흰빛이 돌며, 꽃은 6월부터 8월까지 줄기 끝에 핀다. 대개 붉은빛이지만 희거나 연분홍빛인 것도 있다. 성질이 차기 때문에 열을 내리고 혈압을 낮추는 데에 효과가 있다. 잎, 줄기, 열매를 달여서 복용하면 여성들의 생리불순이나 자궁염에도 효과가 좋다.

::채취
여름부터 가을 사이에 전
초를 베어 햇볕에 말린다.

::식용 및 약용
하루 12~16g을 달여서 복용한다.

::효능
1. 고혈압, 동맥경화를 치료하는 데 쓴다.
2. 소변을 잘 나오게 하고 열을 내리며 독을 푼다.
3. 민간에서는 암 치료약으로도 쓴다. 방광염이나 신장암, 식도암,
   직장암에 효과가 있다.
4. 줄기와 잎을 15~30g쯤 달여서 하루 5~6번 마신다.

::민간요법
치질에는 꽃잎과 줄기를 짓찧어 붙이고, 상처나 종기에는 꽃 달인 물
로 씻는다. 결막염이나 갖가지 눈병에는 씨앗을 달인 물로 눈을 씻거
나 눈에 넣는다.

::패랭이꽃 차 만들기
잘 말린 패랭이꽃 10g에 물 600cc 정도를 넣고 약한 불에 1시간쯤 우
려낸 후, 하루에 3번 나누어 마신다.

::주의
혈압을 내리는 데, 생리불순일 때 마시면 좋지만 임산부는 마시면 안
된다.

05 측백나무(측백나무과)

🌸학명: Thuja orientalis L.
🌸생약명: 백자인(柏子仁) 🌸다른 이름: 측백자, 백인, 찝빵나무, 눈측백

- 분포지역: 중남부지방, 강원도
- 서식장소: 산과 들
- 크기: 약 20~25m 정도
- 형태: 측백나무과의 상록교목
- 채취시기: 가을
- 개화시기: 4월

예부터 신선이 되는 나무로 알려져 귀하게 대접받던 나무이다. 잎이 옆으로 납작하게 자라기 때문에 측백이라는 이름이 붙었다. 높이는 약 20m, 지름 1m에 달하지만 관목상이며 작은 가지가 수직으로 벌어진다. 잎은 비늘같이 생기고 마주나며, 좌우의 잎과

가운데 달린 잎이 W자를 이룬다. 4월에 암꽃과 수꽃이 같은 그루의 가지 끝에서 핀다. 열매는 계란처럼 생겼고 8개의 조각으로 되어 있으며, 씨앗은 조각마다 2~3개씩 들어 있다.

::**채취**

1. 잎은 가을의 처서 무렵에 채취하는 것이 가장 약효가 좋다.
2. 종자는 충분히 익었을 때 따서 햇볕에 말린다.

::**식용 및 약용**

어린가지와 잎, 뿌리껍질, 가지, 씨앗, 수지 모두 약용한다.

::**효능**

고혈압에 큰 도움이 된다. 나뭇잎을 갈아서 꾸준히 섭취하면 뇌졸중과 고혈압을 예방할 수 있다. 또한 폐, 간, 각종 노인성 질환, 자양강장, 하체가 부실할 때도 효과적이다.

::민간요법

1. 측백나무를 묘지 옆에 심으면 시신에 벌레가 생기지 않는다.
2. 가루를 만들어 오래 먹으면 몸에서 나쁜 냄새가 없어지고 향내가 나며, 머리칼이 희어지지 않고 치아와 뼈가 튼튼해진다.
3. 장복하면 고혈압과 중풍을 예방할 수 있고 불면증, 신경쇠약 등이 없어진다.

::효소 담그기

1. 잎을 깨끗이 씻어서 말리고 적당한 크기로 썬 후, 설탕과의 비율 1:1로 하고 용기나 항아리에 넣는다.
2. 용기가 넘치지 않도록 3/4 정도만 켜켜이 담고 잘 버무려 준다.
3. 남은 설탕을 재료의 맨 위에 뿌리고 용기를 밀봉한 후, 발효 초기에는 설탕이 잘 녹도록 위아래를 골고루 섞어준다.
4. 3개월 정도 발효시킨 후 내용물을 건져내고, 1년 정도 더 숙성시킨 다음 기호에 맞게 물에 희석시켜 음용한다.

❁효소가 필요한 사람

1. 목과 어깨가 뻐근하거나 앉았다 일어날 때 현기증이 일어나는 사람.
2. 진단에서는 이상이 없는데 몸이 늘 피곤하고 어딘가가 아픈 것 같은 사람.
3. 오랜 지병으로 영양 보충이 필요한 사람.
4. 위장 질환과 간장 질환이 있는 사람.
5. 팔다리에 쥐가 잘 나는 사람.
6. 두통, 불면증에 시달리는 사람.
7. 감기에 자주 걸리는 사람.
8. 손발이 차고 저린 사람.
9. 비만 진단을 받은 사람.

06

감나무(감나무과)

⊛학명: Diospyros kaki Thunb.
⊛생약명: 시체(柿滯) ⊛다른 이름: 돌감나무, 똘감나무, 시엽, 시근

- **분포지역: 중남부지방**
- **서식장소: 인가나 들의 양지바른 곳**
- **크기: 약 6~15m 정도**
- **형태: 감나무과의 낙엽활엽 교목**
- **채취시기: 가을**
- **개화시기: 5~6월**

높이는 15m에 달하고, 잎은 크고 넓으며 톱니가 없다. 꽃은 담황색으로 5~6월에 핀다. 꽃잎은 크고 네 개로 갈라지며, 어린가지에는 짧은 털이 있다. 감나무는 예부터 일곱 가지 덕이 있다고 찬사를 받아온 나무다. ①수명이 길고, ②그늘이 짙으며, ③새가 둥지를 틀지 않고, ④벌레가 생기지 않으며, ⑤가을에 단풍이 아름답고, ⑥열매가 맛이 있으며, ⑦낙엽이 훌륭한 거름이 된다는 것이다. 버릴 것이 하나 없이 좋은 나무이다.

:: 채취

잎은 6~8월에 따서 그늘
에 말린 후 보관하고, 열
매는 9~10월에 수확한다.

:: 식용 및 약용

1. 잎은 차처럼 오래 달여 먹으면 당뇨병, 고혈압, 심장병, 결핵성 망막출혈, 변비, 위병 등이 치료된다.
2. 열매는 요오드 함유량이 많아서 갑상선 중독증에 효과가 있다.
3. 감꼭지를 '시체'라고 하는데, 열매에 붙은 꽃받침을 말려서 사용한다.

:: 효능 및 활용

1. 빈혈, 괴혈병, 동맥경화, 고혈압, 백내장, 만성천식, 당뇨병, 결핵.
2. 감잎은 비타민 C가 많이 들어 있어 차로 마시면 고혈압, 각기, 관절염, 갖가지 궤양과 염증, 괴혈병 등의 예방과 치료에 뛰어난 효험을 낸다.
3. 풋감의 떫은 즙과 감나무의 잎을 중풍, 고혈압 등의 치료와 예방에 쓰고, 이 외에도 감꼭지와 감나무 껍질, 뿌리 등이 두루 활용된다.

:: 감술 만들기

1. 잎을 깨끗이 씻어 말린 다음, 5cm 크기로 썰어 천에 넣고 봉한다.
2. 천 주머니를 용기에 넣고 소주를 부어 밀봉한다.
3. 서늘한 곳에서 2개월 정도 저장하여 주머니는 건져내고, 술은 다른 병에 옮겨 담는다.
4. 하루에 3번, 식전에 한 잔 또는 두 잔을 음용한다.

07 벽오동(벽오동과)

🏛

❀학명: Firmiana simplex W. F. Wicht
❀생약명: 오동자(梧桐子) ❀다른 이름: 청오자, 동마자, 표아과

• 분포지역: 중남부지방
• 서식장소: 양지바른 곳
• 크기: 약 10~20m 정도
• 형태: 벽오동과의 낙엽교목
• 채취시기: 여름~가을
• 개화시기: 6~7월

봉황은 벽오동나무에만 둥지를 틀며, 대나무 열매만을 먹이로 먹는다고 한다. 예부터 선조들은 이 나무를 선비 정신의 상징으로 보았다. 줄기의 곧고 푸른 모습과 시원스럽게 넓은 잎이 마치 선비의 절개를 상징하는 듯 보인다. 키는 20m쯤 자란다. 줄기는 곧게 자라고 자라는 속도도 빠르다. 잎은 부채처럼 널찍하고, 줄기 껍질은 진한 녹색이다. 꽃은 6~7월에 흰빛으로 피고, 열매는 가을에 익는다. 맛은 쓰고 성질은 차서, 풍습을 없애고 열을 내리며 독을 푼다.

::채취
씨앗은 여름과 가을에, 잎은 여름에 채취하여 말려 보관한다.

::식용 및 약용
• 씨앗

1. 고소한 맛 때문에 볶아서 커피 대용으로 마신다.
2. 볶아서 가루로 빻아 복용하거나 물에 타서 마시면, 위장을 튼튼하
   게 하고 정력이 강화된다.

• 껍질

찬물에 담가두면 진이 끈적끈적하게 나오는데, 이 진을 한번에 50g씩
하루에 2~3번 복용한다. 관절염, 디스크, 요통에 효과가 탁월하다.

::효능 및 임상 결과
• 혈액순환 촉진, 진통작용, 정신 및 육체 피로, 치질, 창상출혈,
  고혈압.

1. 1기, 2기의 고혈압 환자 80례를 2개월간 치료한 결과, 두드러진
   효과(혈압이 20mmHg 이상 하강)가 23례였고 호전(10~20mmHg 하강)
   이 37례, 효과 없음(하강 10mmHg 이하)이 20례였다.
2. 치료 전후 60례의 환자에 대하여 혈청 콜레스테롤 검사 결과, 현
   저히 하강한 병례는 41례로서 72%를 차지한다.

매발톱나무(매자나무과)

⚘학명: Berberis amurensis Rupr.
⚘생약명: 구내근 ⚘다른 이름: 대엽소벽, 자벽, 왕매발톱나무

- 분포지역: 중부 이북
- 서식장소: 깊은 산속이나 산 능선의 양지
- 크기: 약 2m 정도
- 형태: 매자나무과의 낙엽관목
- 채취시기: 봄, 가을
- 개화시기: 4~5월

줄기와 잎에 매의 발톱처럼 날카로운 가시가 있는 매자나무과의 떨기나무로서 우리나라 중·북부지방의 깊은 산속이나 산 능선 양지에 많이 자란다. 가을철에 빨갛게 익는 열매가 먹음직스럽고 사랑스러운데, 길이 1cm쯤 되는 타원형의 열매에는 다른 어떤 야생 열매보다 비타민 C가 풍부하며 신경쇠약을 치료하는 훌륭한 성분이 함유되어 있다. 잎에는 독성이 있으나 줄기와 뿌리를 건위제로 쓰고, 봄꽃이 피기 전이나 가을철 잎이 진 뒤에 가지를 채취하여 가시를 제거하고 말려서 약으로 사용한다.

::채취

봄, 가을에 채취하여 햇볕
에 말린다.

::식용 및 약용

1. 어린순은 그냥 먹으면 쓴맛이 강하므로, 잘 데쳐서 우려내고 먹는다.
2. 열매, 뿌리를 채취하여 그늘에 말렸다가 달여서 복용한다.
3. 열매를 즙으로 내어 설탕을 열매의 1.5배쯤 넣고 끓여서 앙금을 걸
   러내고 물에 타서 청량음료로 마시면, 그 상큼한 맛이 일품이다.

::효능

1. 혈압강하 작용

   어린줄기와 잎을 달인 물은 고혈압에 효과가 있어 혈압을 일정하
   게 낮춰 준다.

2. 암세포 억제

   주요 성분인 베르베린, 옥시칸틴 등은 암세포의 산소를 차단해 암
   세포의 성장을 막는다. 갖가지 암에는 매발톱나무 뿌리나 뿌리껍
   질 20~40g을 달여서 하루 3번 복용하면 효과를 볼 수 있다.

::민간요법

뿌리를 하루 20~30g씩 물에 달여 2~3번에 나누어 먹으면 간질환,
구내염, 관절염 등이 낫는다.

➔몸에 좋은 생즙 응용법

✽식욕부진–사과 당근 주스
비타민 B, C, D, E 및 K도 풍부하여 식욕을 증진시켜주며 소화를 돕는다.
양배추 2장, 사과 1/2개, 당근 1/2개, 레몬 1/4개, 케일 100g

✽호흡기 질환–시금치 밀감 주스
비타민 A, C, D가 도시의 오염과 흡연으로 인한 호흡기의 점막을 보호해준다.
생강 1/4개, 밀감 1개, 시금치 100g

✽저혈압–셀러리 토마토 주스
체질을 산성에서 알칼리성으로 서서히 바꾸어 혈압을 정상으로 끌어올린다.
양배추 1장(중엽), 셀러리 30g, 토마토 1/2개, 피망 1개, 파슬리 20g, 사과 1/2개

✽빈혈–셀러리 시금치 주스
혈액 중에 적혈구가 부족해 생기는 증세. 자연의 주스로 칼슘과 철분을 섭취한다.
셀러리 100g, 시금치 100g, 당근 1/2개, 오이 1/2개

✤신경통–딸기 밀감 주스
딸기는 비타민 C와 메틸 살리실레이트가 함유되어 있어 신경통에 좋다.
딸기 5개, 밀감 1/2개, 사과 1/2개

✤복통–피망 주스
피망은 규소를 많이 포함하고 있어 대장으로부터 노폐물을 제거한다.
피망 2개, 당근 1/2개, 시금치 200g

✤고혈압–당근 시금치 주스
혈관 내에 고이기 쉬운 불순물을 제거한다.
양배추 2장, 셀러리 100g, 케일 100g, 밀감 1개

✤당뇨–돌미나리 시금치 주스
과다한 당분의 섭취와 불규칙적인 식사에 기인하므로, 규칙적인 생활과 꾸준한 운동이
치유에 필수 조건이다.
당근 1/2개, 오이 1/2개, 돌미나리 150g, 시금치 200g, 토마토 1개

겨울의 산야초

01 헛개나무(갈매나무과)

冬

* 학명: Hovenia dulcis Thunb.
* 생약명: 지구목, 지구자　* 다른 이름: 홋개나무, 호리깨나무, 불게나무

* 분포지역: 강원과 황해 이남
* 서식장소: 해발 50~800m의 산
* 크기: 약 10~17m 정도
* 형태: 갈매나무과 낙엽교목
* 채취시기: 여름~겨울
* 개화시기: 7~8월

일명 범호리깨나무라고도 하며, 갈매나무과의 낙엽 교목으로 크기 10~17m 정도이다. 가지는 많이 갈라지고 잎은 타원형으로 서로 어긋나며, 잎 가장자리에 둔한 톱니가 있다. 꽃은 7~8월에 녹색으로 피고, 열매는 9~10월에 회갈색으로 익는다. 열매, 잎, 뿌리, 수피 등 모두 약용으로 사용하는데, 열매는 해독, 이뇨, 주독, 구토, 사지마비 치료에, 뿌리는 타박상, 수피는 간장과 신장 등 오장의 해독을 돕는다. 헛개나무의 전체가 그야말로 해독과 이뇨의 제왕격으로 불릴 만하다.

::약용

열매, 줄기, 씨를 이용하여
주로 차를 만들어 마신다.

• 잎, 줄기

1. 잎과 가지를 잘게 자른다.
2. 50g당 물 2ℓ를 넣고 달인다.
3. 물이 끓으면 불을 줄이고 약 2~3시간 정도 더 달인다.

• 열매

1. 열매 50g당 물 2ℓ를 넣고 달인다.
2. 물이 끓으면 불을 줄이고 뚜껑을 연 채 약 2~3시간 정도 더 달인다.
3. 1일 2~3회가 적당하며, 식전이나 공복에 마신다.
4. 감기 중 오한이 있을 때에는 따뜻하게 음용한다.
5. 숙취에는 취침 전 1잔, 아침 공복에 1잔 음용하면 술 냄새도 나지
   않고 속 쓰림도 없어진다.

::효능

1. 알코올성 간염, 간경화, 지방간, 당뇨, 혈압, 갈증 해소.
2. 간을 보호하고 알코올 중독과 숙취를 없애준다.
3. 술독을 푸는 데 뛰어난 신약.

::헛개나무 차 만들기

잎이나 줄기, 혹은 열매 30~40g을 물 1.8ℓ에 넣고 약한 불로 2시간
정도 달인다. 물이 넘칠 수도 있으니, 물이 끓을 때는 뚜껑을 열어놓
고 달인다. 끓고 난 이후 건더기를 건져내고 냉장고에 보관하면서 하
루 2~3잔씩 마신다.

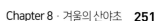

02 딫두릅나무(두릅나무과)

冬

⊛학명: Oplopanax elatu Nakai
⊛생약명: 자인삼(刺人蔘) ⊛다른 이름: 천삼, 선삼, 인가목, 인삼나무

• 분포지역: 경남 경북 강원
• 서식장소: 깊은 산의 숲속
• 크기: 약 2~3m 정도
• 형태: 두릅나무과의 낙엽활엽 관목
• 채취시기: 가을~이듬해 봄
• 개화시기: 7~8월

인삼보다 좋은 것이 가시오갈피이고, 가시오갈피보다 더 좋은 것은 천삼이라는 말이 있다. 천삼은 딫두릅나무의 다른 이름으로, 두릅나무와

생긴 모양이 흡사하나 윗마디에 가시가 촘촘한 것이 특징이다. 한 방에서 부르는 약명은 자인삼 또는 인가목이며, 학명이 딫두릅이다. 6~7월에 풀색을 띤 작은 꽃이 우산처럼 모여서 피며, 나무껍질은 노란 빛깔이 나는 회색이다. 우리나라 중부와 북부지역 해발 1천m 이상 되는 깊은 산 나무 밑에서 소군락을 이루며 자란다.

::채취
뿌리와 뿌리줄기를 가을부터 봄철까지 채취하여 물에 깨끗이 씻어서 햇볕에 말린다.

::효능
1. 인체의 면역력 강화, 항균, 항암작용, 근골강화작용.
2. 해열과 진해, 즉 열을 내리고 기침을 누그러뜨리는 효능이 있으며, 인삼의 작용과 비슷하다. 〈길림중초약, 중국〉

::약용법
• 뿌리와 뿌리줄기를 8~12g 정도 물로 달여서 복용한다.
• 신경쇠약, 정신분열증, 성기능 저하, 당뇨병에 효능이 있다.
• 당뇨병에는 인슐린과 같이 쓸 때 치료 효과가 좋다.
• 줄기와 잎은 해열, 기침, 염증에 사용하며, 뿌리껍질 추출액은 찢긴 상처, 치통, 류머티즘에 사용한다.

03

冬

산수유(층층나무과)

✤학명: Cornus officinalis
✤생약명: 산수유(山茱萸) ✤다른 이름: 수유, 산채황, 산채육

- 분포지역: 중부 이남지방
- 서식장소: 숲속
- 크기: 약 7m 정도
- 형태: 층층나무과의 낙엽교목
- 채취시기: 10~11월
- 개화시기: 3~4월

이른 봄, 다른 나무는 움도 트기 전에 잎보다 먼저 황금색 꽃이 무리지어 핀다. 높이는 약 7m 가량 되고, 가지가 무성하게 퍼진다. 잎은 타원형으로 끝이 뾰족하고 마주 달리며, 뒷면에 황갈색 털이 많이 나 있다. 10월경에 진홍색으로 익은 타원형의 열매는 퍽 아름답다. 예전에는 대학나무라는 별칭이 있을 정도로 이 나무 몇 그루만 있으면 자식을 대학에 보낼 수 있을 만큼 경제성이 좋았던 나무이다. 잘 익은 열매에서 씨를 빼고 말린 것을 산수유라고 하며 보신 강장은 물론, 노인성 야뇨증에도 특수한 효과가 있다.

::채취

약효는 열매에만 있다. 10~11월에 채취하여 씨를 뺀 후 햇볕에 말려서 사용한다.

::식용

- 말린 산수유를 주전자에 넣고 보리차처럼 끓인 후 냉장고에 넣어 두고 차로 마시면 좋다. 여기에 꿀을 첨가하여 마시면 더욱 좋다.
- 3~5g을 물이 절반으로 줄 때까지 달여서 강장약으로 하루 3번에 나누어 마신다.

::효능

1. 몸을 보하는 효과가 있어 내과, 부인병, 소아질환의 허증에 쓴다.
2. 몸을 가볍게 하며 머리털이 희어지지 않게 하고 눈을 밝게 한다.
3. 허리와 무릎이 시큰거릴 때, 유정, 음위증, 어지러움증, 귀가 잘 들리지 않을 때, 식은땀이 날 때 좋다.
4. 콩팥을 보하며 소변보기가 힘들 때, 요통, 월경불순 등에도 쓴다.

::산수유 차

신장 요로 계통과 성인병, 부인병 등에 효능이 있고, 특히 성 기능 회복에 도움이 되어 땀을 멎게 하며 음기를 보충해준다. 소변을 자주 보는 빈뇨 현상에도 좋다.

산수유 50g을 적당히 물을 붓고 강한 불로 끓이다가 약한 불에서 한 시간 정도 더 끓인다. 건더기는 버리고 꿀을 첨가해서 냉장 보관하여, 하루에 3회 정도 마신다.

04 엄나무(두릅나무과)

冬

⊛학명: Kalopanax pictum var. typicum Nakai
⊛생약명: 해동피(海桐皮) ⊛다른 이름: 음나무, 해동묵, 개두릅나무

• 분포지역: 전국 각지
• 서식장소: 산속
• 크기: 약 25m 정도
• 형태: 두릅나무과의 낙엽교목
• 채취시기: 봄 또는 여름
• 개화시기: 7~8월

가지에는 많은 가시가 돋아 있다. 잎은 서로 어긋나게 자리하며 둥글고, 팔손이나무의 잎과 흡사하게 생겼다. 잎 표면에는 털이 없고 윤기가 흐른다. 개화기는 7~8월이며, 전국 각지에 널리 분포한다. 엄나무는 날카롭고 험상궂은 가시가 빽빽하게 붙어 있는데, 우리 조상들은 이 가시를 대문이나 방문 위에 걸어두면 잡귀나 나쁜 질병이 집안으로 들어오지 못한다고 믿었다. 나무껍질은 약용하며, 뿌리와 어린잎은 식용한다. 생약명으로 해동피라 하여 관절염, 종기 등 염증 질환에 탁월한 효과가 있다.

::채취

봄 또는 여름에 채취하여
거친 겉껍질을 햇볕에 말
려 잘게 잘라서 사용.

::효능

만성 간염과 신경통, 요통에 신통한 효험이 있고, 전통적인 방법으로
제조한 엄나무기름이나 뿌리의 즙은 늑막염에 신효하다.

::증상별 적용 및 복용법

• 말린 약재를 뭉근하게 달여서 복용한다. 옴과 종기에는 약재를 빻
  아 기름에 갠 다음 환부에 바르면 효과가 좋다.
1. 만성 간염이나 간경화 초기
   속껍질 말린 것 1.5kg에 물 5되를 붓고 물이 1/3로 줄어들 때까지
   달여서 한번에 20cc씩 하루 세 번 복용한다. 대개 4~5개월 정도
   복용하면 80%쯤은 치유된다. 잎을 달여서 차로 늘 마시면 효과가
   더 빠르다.
2. 신경통, 관절염, 근육통, 근육마비, 신허요통
   뿌리를 생즙으로 내어 마시면 좋다. 두꺼운 뿌리껍질을 믹서기로
   갈아서 맥주잔으로 하루 한 잔씩 마시면 탁월한 효과가 있다.
3. 속껍질이나 뿌리로 술을 담가 먹어도 신경통, 관절염, 근육마비,
   근육통 등에 상당한 효과를 볼 수 있다.
4. 엄나무를 닭과 함께 삶아서 먹기도 하는데, 이는 관절염이나 요통
   에 효험이 있다.

05 기린초(돌나물과)

冬

❀학명: Sedum kamtschaticum Fisch. & Mey
❀생약명: 백삼칠(白三七) ❀다른 이름: 비채, 양심초, 각시기린초

- 분포지역: 중부지방
- 서식장소: 산지의 바위, 강가
- 크기: 약 20~30cm 정도
- 형태: 돌나물과의 여러해살이 풀
- 채취시기: 5월
- 개화시기: 6~7월

돌나물과에 딸린 여러해살이 풀이다. 중부 이남 산의 바위 틈이나 습하지 않은 곳에서 자생한다. 키는 약 20~30㎝ 정도이며, 잎은 넓은 달걀 모양으로 잎 가장자리에 작은 톱니와 같은 것이 있다. 꽃은 노란색으로 6~7월에 뭉쳐서 핀다. 열매는 9~10월경에 5갈래로 갈라져 검은색으로 달리고, 안에는 갈색으로 된 작은 종자가 먼지처럼 들어 있다. 잎의 모양이 마치 다육식물과 같이 두툼하면서 육질이 좋기 때문에 식용으로도 많이 이용되는 식물이다.

::채취
전초를 꽃이 피는 6~7월에 채취하여 말린 다음 잘게 썰어서 보관한다.

::효능
1. 혈액순환을 촉진하고 지혈하며 부종을 내리고 해독하는 효능이 있다.
2. 타박상, 각혈, 토혈, 변혈, 심계, 옹종을 치료한다.

::식용 및 약용
- 연한 어린순은 식용하는데, 가볍게 데쳐서 나물로 먹으면 맛이 담백하다.
- 하루에 6~12g, 신선한 것은 40~80g을 물로 달여서 복용한다.
1. 고혈압에 신선한 기린초 전초 80g을 물로 달여서 꿀을 적당히 넣고 복용한다. 〈강서 초약수책〉
2. 칼에 베인 상처, 화상, 독충에 물린 상처에 기린초의 전초를 짓찧어서 환부에 붙인다. 〈호남약물지〉
3. 대장 출혈의 치료에 신선한 기린초 40g을 술과 함께 약한 불로 끓여서 복용한다. 〈귀양민간초약〉

::주의
위장이 허약하거나 대변이 묽은 자는 복용해서는 안 된다. 〈민동본초〉

06

산국(국화과)

❀학명: Chrysanthemum boreale
❀생약명: 야국(野菊) ❀다른 이름: 산국화, 개국화, 향엽국, 암향국

- 분포지역: 전국 각지
- 서식장소: 산과 들
- 크기: 약 1m 정도
- 형태: 국화과의 여러해살이 풀
- 채취시기: 봄~가을
- 개화시기: 9~10월

산지의 골짜기나 들의 양지바른 곳에 난다. 꽃은 황색으로 가을에 핀다. 봄에는 개나리나 민들레가 노란색 꽃을 대표하지만, 가을에는 산국이 노란색 꽃을 대표한다. 전국 각지에서 야생하며 1m 이상 자란다. 가지가 많이 갈라지며 서로 어긋난 잎은 쑥 잎과 비슷한 깃꼴 모양이고, 9~10월에 걸쳐 가지 끝에 노란 꽃을 우산살 모양으로 펼쳐 피운다. 산국이 흐드러지게 피어 있는 곳엔 가까이만 가도 그 향기가 진동하는데, 꿀 모으기에 한창인 벌과 나비들의 활동을 볼 수 있다.

::채취

봄 - 잎, 여름 - 줄기,
가을 - 꽃, 겨울 - 뿌리.
꽃이 피는 9~10월에는
씨앗을 따서 그늘에서
말린다.

::약용

전초를 모두 약용에 사용하지만, 혈압강하 작용은 전초보다 꽃이 피었을 때 꽃을 채취하여 사용하는 것이 더 효과적이다.

::효능 및 약리실험

1. 중국에서는 예부터 영약으로 취급해왔다.
2. 고혈압, 동맥경화, 협심증, 심장질환, 만성위염, 위궤양, 장염.
3. 약리실험 결과, 산국의 진액은 황색포도상구균, 디프테리아균, 적리균 등의 항균작용이 확인되어 폐렴이나 이질, 위장염, 구내염에 유효하다.

::효소 담그기

• 산국을 깨끗하게 씻어 그늘에서 물기를 말린 후, 적당한 크기로 자른다.
• 재료와 설탕의 비율 1:1로 하고 항아리나 용기에 켜켜이 쌓아 꾹꾹 누른 다음, 나머지 설탕을 맨 위에 덮는다.
• 관리 초기 약 2주 정도는 골고루 잘 섞어주고, 3개월간 발효시킨 다음, 내용물을 건져내고 1년 정도 더 숙성시킨 후 음용한다.

07 붉나무(옻나무과)

❀학명: Rhus javanica L.
❀생약명: 오배자(五倍子)   ❀다른 이름: 천문합, 오거풍, 오부자, 문합

- 분포지역: 전국 각지
- 서식장소: 산지
- 크기: 약 3m 정도
- 형태: 옻나무과 낙엽관목
- 채취시기: 9~10월
- 개화시기: 8~9월

곱게 단풍이 물들기 때문에 붉나무라고 한다. 높이 3m 내외로 산지에서 자라며, 작은 가지에는 노란 빛을 띤 갈색 털이 있다. 잎은 어긋나고 7~13개의 작은 잎으로 이루어진 깃꼴겹잎이며, 우축에 날개가 있다. 꽃은 8~9월에 황백색으로 핀다. 열매에 달리는 소금은 두부를 만드는 간수로 사용되기도 하였으며, 산속에서 오랫동안 지내는 사람들에게는 귀중한 약소금이 되었다. 탄닌 성분이 들어 있어 피를 멈추게 하고 설사를 진정시키지만, 벌레가 나가기 전에 벌레집을 따서 증기에 쪄 벌레를 죽이고 말려야 한다.

::채취
9~10월에 붉나무벌레집(오배자)을 따서 증기에 쪄서 말린다.

::약용
- 열매(벌레집), 잎, 줄기껍질 모두 약용한다.
- 열매, 잎, 줄기껍질 5g을 물에 달이거나 가루로 만들어 복용한다. 때로는 술에 담가서 복용하기도 한다.
1. 열매는 만성적인 설사, 기침, 갈증, 하혈, 황달, 이질을 치료한다.
2. 잎은 뱀에 물렸을 때 짓찧어 해독용으로 사용한다.
3. 줄기껍질은 피가 섞인 설사, 피부 가려움증을 치료한다.

::효능 및 임상결과
1. 국내 연구진에 의해서 기존 항암제보다 약효가 뛰어난 새로운 항암물질이 발견되었다.
2. 임상실험 결과, 소화기 출혈에 유효한 반응을 보였고, 궤양성 결장염, 방사성 직장염, 폐결핵으로 인한 각혈, 이질, 자한, 당뇨병 및 식도암, 치질 등에 치료효과를 보았다.

::민간요법
- 버짐 치료 열매 150g에 물 한 사발을 넣고 서너 시간 달여서 식힌 다음, 하루에 두세 번씩 그 물을 버짐이 생긴 환부에 발라준다.

08 여뀌 (마디풀과)

冬

❀학명: Persicaria hydropiper SPACH.
❀생약명: 수료(水蓼) ❀다른 이름: 역꾸, 버들여뀌, 택료, 천료

- 분포지역: 중남부지방
- 서식장소: 습지 또는 냇가
- 크기: 약 40~80cm 정도
- 형태: 마디풀과의 한해살이 풀
- 채취시기: 가을
- 개화시기: 6~9월

물기를 좋아해서 주로 논이나 냇가 주변에서 잘 자란다. 흔히 잡초라고 알고 있는 여뀌는 오염된 물을 정화하는 기능이 매우 뛰어나다. 주로 씨앗으로 번식하며 씨앗이 흙 속에서 오랜 기간 생존한다. 높이는 40~80cm 정도이고 털이 없으며 가지가 많이 갈라진다. 잎은 어긋나고 가장자리가 밋밋하며, 뒷면에 잔 선점이 많다. 꽃은 6~9월에 피는데, 밑으로 처지는 모양새로 연한 녹색이지만 끝부분에 붉은빛이 돌고 선점이 있다.

::채취

개화 시기인 6~9월에 채
취한다.

::식용 및 약용

- 약간의 독성이 있는 식물이라 독성을 우려낸 뒤에 나물로 먹는다.
  어린순은 살짝 데쳐 초고추장에 무쳐 먹거나, 생것을 그대로 먹는
  다. 또는 생선회를 먹을 때 쌈으로도 먹는다.
- 뿌리째 말린 것을 약으로 쓰며, 잎은 매운맛이 있어 향신료의 재료
  로 쓴다.
- 전초 말린 것 15~30g을 달여서 복용하며 술을 담가 먹어도 좋다.

::효능

1. 자궁출혈, 치질출혈 및 그 밖의 내출혈에 사용된다.
2. 잎과 줄기는 항균작용이 뛰어나고, 혈압을 내려주며 소장과 자궁
   의 긴장도를 강화시켜준다.

::민간요법

- 옴─잎을 짓찧어 바셀린에 개어 바르면 빨리 낫는다.
- 뱀독─잎을 짓찧어 즙을 내어 마시고, 찌꺼기는 물린 자리에 붙인다.
- 이질─잎을 비벼서 즙을 내어 1회 5~6 방울씩 2~3번을 먹는다.
- 종기─진하게 달여서 걸러낸 뜨거운 찌꺼기를 짓찧어 환부에 붙
  인다.
- 벌레 물린 데─잎을 즙으로 내어 벌레 물린 자리에 바른다.

중풍을 억제하는 산야초

01 갯방풍(미나리과)

風

❀학명: Glehnia littoralis
❀생약명: 북사삼(北沙參) ❀다른 이름: 갯향미나리, 해방풍, 산호삼

- 분포지역: 경기, 강원,
  제주의 연안
- 서식장소: 바닷가의 모래땅
- 크기: 약 30~40cm 정도
- 형태: 미나리과의 여러해살이 풀
- 채취시기: 가을
- 개화시기: 6~7월

이름 그대로 중풍을 막아주고 기침과 가래를 없애는 데 탁월한 효력이 있는 약초로, 바닷가 부근의 모래밭이나 바위 절벽에 붙어서 자란다. 겨울철에도 잎이 시들지 않으며, 잎이나 뿌리를 나물로 무쳐서 먹기도 한다. 높이 30~40cm쯤 자라는 여러해살이 풀로, 잎은 두 번 세 개로 갈라지며 쪽잎은 타원형이다. 전체에서 특이한 향기가 나며, 여름철에 흰색의 작은 꽃이 모여서 피고, 가을에 날개가 붙은 타원형의 납작한 열매가 달린다. 생약으로 쓰이는 해방풍은 뿌리를 말린 것이다.

::채취

뿌리는 9~10월에 채취하
여 수염을 제거하고 끓는
물에 담갔다가 외피를 벗
겨 그늘에서 말린다.

::식용 및 약용

어린잎을 생채로 먹는다.

생선회를 먹을 때 쌈으로도 이용한다.

뇌일혈에 뿌리 또는 씨앗 5~6g을 달여 하루 2~3회씩 3~4일 복용한다.

::효능

1. 막걸리에 담가 먹으면 중풍의 묘약이 된다. 안면 신경 마비나 가
   벼운 중풍도 오래 복용하면 반드시 풀린다.
2. 맛이 달고 따뜻한 성질로 다발성 신경통에도 좋고 건위, 강장의
   특효약이기도 하며 늘 먹으면 중풍에 걸리지 않는다.
3. 여성의 냉증, 대하증, 부정기적 자궁 출혈에도 효과가 있다.

::민간요법

- 열 감기 : 열매 또는 뿌리 4~6g을 1회 분량으로 달여서 하루에 3회
  씩 3일간 복용한다. 발한작용이 대단히 강하고 열이 내리며, 몸이
  쑤시던 통증도 없어진다.
- 대하증 : 열매 또는 뿌리 4~6g을 1회 분량으로 달여서 하루에 3회
  씩 5일간 복용하면 효과가 좋다.

지치(지치과)

風

⊛학명: Lithospermum erythrorhizon Siebold & Zucc.
⊛생약명: 자초근(紫草根) ⊛다른 이름: 자초, 지초, 지추, 주치

- 분포지역: 전국 각지
- 서식장소: 산과 들의 풀밭
- 크기: 약 30~70cm 정도
- 형태: 지치과의 여러해살이 풀
- 채취시기: 5월
- 개화시기: 5~6월

치료에 성약이라 할 만큼 산삼보다 나은 신비의 약초로 친다. 오래 묵은 지치를 먹고 고질병이나 난치병을 완치했다는 얘기를 흔히 들을 수 있다. 전국 각지의 산과 들판의 양지바른 풀밭에 나는데, 예전에는 들에서도 흔했지만 요즘은 깊은 산속이 아니면 찾아보기 힘들 정도로 귀해졌다. 오래 묵은 것일수록 보랏빛이 더 짙다. 잎과 줄기 전체에 흰빛의 거친 털이 빽빽하게 나 있고, 잎은 잎자루가 없는 피침꼴로 돌려나기로 나며, 꽃은 5~6월부터 7~8월까지 흰빛으로 핀다.

::채취

가을이나 겨울, 이른 봄에
뿌리를 채취한다.

::식용

어린잎은 뜨거운 물에 데쳐 무쳐서 먹는다. 유독성분을 함유하고 있어
독을 충분히 우려낸 다음 조리한다. 생체로는 절대 식용하지 않는다.

::약용법

- 중풍에는 말린 뿌리를 가루로 빻아 한 번에 두 술씩 하루 3~4번
  더운물이나 생강차와 함께 먹는다.
- 두통이나 소화불량에도 지치를 술에 담가 마시면 즉효가 있다. 한
  번에 소주잔으로 두 잔씩 하루 3번 마신다.
- 동맥경화나 고혈압에는 지치 가루와 느릅나무 껍질 가루를 같은
  양으로 더운물에 섞어서 먹는다. 한 번에 한 술씩 하루 3번쯤 3~4
  개월 동안 복용하면 대개 낫는다.

::효능

열을 내리고 독을 풀며 염증을 없애고 새살을 돋아나게 하는 작용이
뛰어나다. 갖가지 암, 변비, 간장병, 동맥경화, 여성의 냉증, 대하,
생리불순 등에 효과가 있으며, 오래 복용하면 얼굴빛이 좋아지고 늙
지 않는다. 설암, 위암, 갑상선암, 자궁암, 피부암에 지치와 까마중을
함께 달여 복용하게 하여 상당한 효과를 거두고 있다고 한다. 북한에
서도 암과 백혈병 치료에 지치를 사용한다.

03 독활(두릅나무과)

風

⊛학명: Aralia continentalis Kitagawa
⊛생약명: 독활(獨活)　⊛다른 이름: 풀두릅, 땅두릅나무, 토당귀, 멧두릅

- 분포지역: 전국 각지
- 서식장소: 높은 산의 그늘진 곳
- 크기: 약 1~2m 정도
- 형태: 두릅나무과의 여러해살이 풀
- 채취시기: 5월
- 개화시기: 7~8월

줄기가 곧게 자라고 바람에 잘 흔들리지 않는다 하여 독활이라 부르며, 높은 산의 음지쪽에서 잘 자라는 두릅나무과의 여러해살이 풀이다. 줄기는 곧게 서고 높이가 1~2m 높이로 자라며, 7~8월에 꽃이 피는데 가지 끝에 우산을 펼친 것 같은 형태로 피면서 좋은 향기를 풍긴다. 뿌리를 독활이라 하여 발한, 중풍, 감기, 해열, 강장, 거담, 위암, 당뇨병 등의 약재로 쓴다. 풍습제로 류머티즘, 관절통 등 각종 신경통에도 빠질 수 없는 약초다.

∷채취

봄과 가을에 묵은 뿌리를
캐내어 씻고 위 껍질을 벗
겨 물에 담근 다음 햇볕에
말린다.

∷식용 및 약용

- 어린순은 이른 봄에 데쳐서 초장에 찍어 먹거나 나물로 먹는다.
- 생즙은 강장제로도 복용한다.
- 뿌리를 약용하며 달임약, 가루약, 약술 형태로 먹는다.
- 안면신경 마비, 중풍으로 입과 눈이 삐뚤어지며 몸을 쓰지 못하는
  데에는 말린 뿌리 10g을 물 200cc에 달여서 하루 3번 나누어 음용
  하면 효과가 좋다.

∷효능

근육통, 하반신 마비, 두통, 중풍의 반신불수 등에 많이 쓰인다.

∷독활주 만들기

1. 뿌리를 잘 씻어 말린 후 1cm 두께로 썰어서 그늘에 말린다.
2. 유리용기에 넣고 재료의 3~4배 분량의 소주와 얼음, 설탕을 넣는다.
3. 3~4일간 하루에 한 번씩 용액을 가볍게 흔들어준다.
4. 밀봉한 뒤 시원한 곳에서 숙성하고 3개월쯤 지나 개봉한다.
5. 건더기를 거른 후 1/5 정도만 남겨두고 다시 밀봉 저장한다.
6. 1년 정도 더 숙성시킨 다음 음용한다.

04 산돌배나무(장미과)

風

⊛학명: Pyrus ussuriensis Maxim.
⊛생약명: 추자리(秋子梨) ⊛다른 이름: 돌배

• 분포지역: 전국 각지
• 서식장소: 산이나 마을 근처
• 크기: 약 15m 정도
• 형태: 장미과의 낙엽활엽교목
• 채취시기: 8~9월
• 개화시기: 4~5월

약재료로 이용하여 약배라 부르고 콩배라고도 한다. 콩알만큼 작은 배가 달리기 때문이다. 높이는 약 15m에 달한다. 줄기는 여러 개가 올라오는 다간성으로 가지는 가시처럼 생겼고 갈색이며, 피목은 희고 뚜렷하다. 잎은 어긋나며 넓은 달걀 모양으로, 가장자리에 뾰족한 톱니가 있다. 꽃은 5월경 흰색으로 5~9개씩 달리며, 열매는 둥글고 지름이 1cm 정도로 10월에 녹갈색에서 검은색으로 익는다. 크기는 골프공만하며, 과육이 텁텁하면서 기관지에 좋다.

::채취

8~9월에 과실이 익었을
때 따서 신선한 것을 사용
하거나, 썰어서 햇볕에 말
린다.

::식용 및 약용

열매는 돌배라고 하여 날것으로 먹거나 삶아 먹고, 약으로도 쓴다.

::효능

1. 기관지 질환, 폐 질환에 효능이 탁월하다.
2. 진액을 만들어 음용하면, 열을 내리게 하고 담을 없애는 데 효능
   이 있다.

::돌배 발효차

• 씨방을 제거한 돌배 500g, 설탕 500g

1. 돌배를 씨방을 제거하고 얇게 썰어 설탕과 함께 용기에 넣는다.
2. 약 보름간 발효시킨 다음 열매를 건져낸다.
3. 즙을 베 보자기로 한번 거른 후 다시 여과지로 걸러낸다.
4. ③을 3일간 보관했다가 다시 3번 거른 후 냉장 보관한다.
5. 기호에 따라 3~4배 정도의 물을 희석해서 여름에는 시원하게, 겨
   울에는 따뜻하게 음용한다.

05

風

생강(생강과)

✿학명: Zingiber officinale Roscoe
✿생약명: 생강(生薑) ✿다른 이름: 자강, 모강

• 분포지역: 중남부지방
• 서식장소: 따뜻하고 습기가 적당한 곳
• 크기: 약 20~60cm 정도
• 형태: 생강과의 여러해살이 풀
• 채취시기: 5월
• 개화시기: 8~9월

공자가 몸을 따뜻하게 하기 위해 식사 때마다 반드시 챙겨 먹었다는 음식이 바로 생강이다. 향신료이지만 효능 면에서 보면 어떤 식재료 못지않게 뛰어나다. 생강은 열대 아시아가 원산인 생강과에 속하는 다년생 풀이다. 높이는 20~60cm 가량이고, 근경인 뿌리줄기는 약간 납작한 원형으로 가로 뻗은 다육질이며 노란색을 띠고 향기로운 냄새가 나며 매운맛과 자극적인 기미가 있다. 꽃은 담황색이고 7~9월에 피는데, 재배한 것은 거의 개화하지 않는다. 우리나라에서는 주로 재배를 하여 수확한다.

::약용
- 생강의 신선한 뿌리줄기를 약으로 사용한다.
- 정약용의 〈다산방〉에는 중풍에 생강즙을 먹으라고 하였다.

::효능
- 건위, 거담, 발한, 두통, 두혈, 중풍, 구토, 살균, 곽란, 진통
- 몸의 냉증을 없애고 소화를 도와주며 구토를 없앤다. 〈동의보감〉
- 뿌리줄기를 말려서 약재로 사용하며 오한, 발열, 두통, 구토, 해수, 가래를 치료할 때 활용한다. 〈동의보감〉
- 혈중 콜레스테롤의 상승효과를 강력하게 억제하고 멀미를 예방하고 혈액의 점도를 낮추며, 암을 예방한다.

::효소 담그기

1. 생강을 깨끗이 씻은 다음 마디마디를 자르고 껍질을 자연스럽게 벗겨낸 후, 얇게 썰어서 물기를 말린다.
2. 생강과 설탕의 비율은 1 : 0.7 정도로 한다.
3. 항아리나 용기에 생강과 설탕을 켜켜이 넣고, 남은 설탕을 맨 위에 얹은 다음 한지나 천으로 밀봉하여 뚜껑을 덮는다.
4. 선선한 곳에 보관하면서 보름 정도 설탕이 잘 섞여 녹을 수 있도록 골고루 뒤집어 준다.
5. 3개월간 발효시킨 후 내용물을 건져내고, 그 진액을 다시 1년 정도 숙성시킨 다음 기호에 맞게 음용한다.

::생강홍차 만들기

생강 2개, 홍차 20g, 소금 약간

깨끗이 씻은 생강의 껍질을 벗겨 얇게 채 썬 다음 소금물에 데쳐 매운맛을 뺀 뒤, 물기를 없애고 햇빛에서 바짝 말린다. 홍차와 말린 생강을 같이 병에 담아 보관하면서 한 찻숟가락씩 물에 우려 마신다.

::민간요법

생강으로 생강 반신욕과 생강 족욕을 할 수 있다.

반신욕은 생강 1개를 강판에 갈아 헝겊주머니에 넣은 상태로 욕조에 담그면 된다.

족욕은 강판에 간 생강 1개를 냄비에 넣고 물 2ℓ를 부은 뒤 가열하다 팔팔 끓기 직전 불을 줄여 중불에서 20~30분 정도 졸인 것을 사용한다. 이것을 차게 해 세숫대야에 넣고 10~15분간 발을 담근다. 처음에는 조금 따갑지만 곧 사라지니, 크게 염려하지 않아도 된다.

❀하늘이 내린 천연 소화제 9가지

1. 팥 – 성질이 차가워서 위장으로 몰리는 열을 식혀준다.
2. 호박 – 죽으로 만들어 먹으면 위장이 약해졌을 때 더욱 효과적이다.
3. 무 – 오장의 나쁜 기운까지 씻어내는 데 가장 빠른 채소다. 〈동의보감〉
4. 마 – 생으로 갈아 먹어도 좋고, 죽으로 먹으면 위염이 있는 사람에게 좋다.
5. 양파 – 위염을 일으킬 수 있는 헬리코박터균의 성장을 막는다.
6. 생강 – 위장의 연동운동을 도와 소화액의 분비를 자극한다.
7. 부추 – 즙을 내어 마시면 간을 튼튼하게 하고 소장과 대장을 보호해주며 위장병에 효능이 좋다.
8. 매실 – 농축액을 물에 타서 마시면 급성 소화불량을 개선해준다.
9. 양배추 – 즙을 내어 물처럼 꾸준히 마시면 변비, 대장암을 예방하고 소화 기능을 향상시킨다.

06

風

황기(콩과)

❀학명: Astragalus membranaceus Bunge
❀생약명: 황기(黃蓍) ❀다른 이름: 단너삼, 도미황기, 백본, 대분

- 분포지역: 중남부지방
- 서식장소: 산지의 바위틈
- 크기: 약 40~70cm 정도
- 형태: 콩과의 여러해살이 풀
- 채취시기: 5월
- 개화시기: 7~8월

주로 양지의 산비탈이나 관목림 주변에서 자란다. 산과 들의 야생 상태에서 자란 것이 효과가 뛰어나다는 소문이 나고부터 약초로 대량 재배하기 시작했다. 줄기는 40~70cm 높이로 곧게 자라며, 가지가 많이 갈라진다. 전체에 흰색의 부드러운 잔털이 있다. 줄기에 어긋나는 잎은 깃꼴 겹잎으로, 달걀형의 작은 잎이 15~17개가 마주 붙는다. 6~7월 잎겨드랑이의 긴 꽃대에 10~15개의 연한 노란색 꽃이 나비 모양의 총상꽃차례로 달린다. 뿌리를 약재로 사용한다.

::식용 및 약용

- 하루 12~20g을 물로 달여서 복용한다.
- 환 또는 가루를 내어 먹 거나 고제를 만들어 먹 는다.

::효능

땀이 많이 나는 것을 멈추게 하는 등 땀 조절 효능이 탁월하다. 또한 비위(비장과 위장) 기능을 좋게 하고 전신의 기운을 북돋워 준다. 식 욕부진이나 소화불량, 얼굴빛이 창백하고 윤기가 없을 때, 변이 묽 거나 설사를 할 때, 피로감을 자주 느낄 때 황기를 쓰면 효험을 볼 수 있다.

::약용법

황기 40g, 천궁 20g, 현삼 30g, 적작약 10g, 복령 10g, 칡뿌리 20g, 감초 3~5g에 물 400cc를 붓고 3분의 1이 되게 달인 다음 하루 3번 식전에 먹는 방법으로 30일 동안 치료한다. 60대나 70대보다 40~50 대 장년층의 중풍에 좋다. 뇌출혈로 인한 후유증보다는 뇌혈전으로 인한 후유증에 효과가 높다.

::황기 차 만들기

황기 60g과 대추 4~5개를 물 10컵 분량에 넣어 팔팔 끓인 후, 다시 불을 약하게 줄여 20분 정도 은근하게 끓인다. 황기를 건져낸 후 냉 장고에 넣어두고 물처럼 마신다.

07 진득찰 (국화과)

風

⚜학명: Sigesbeckia glabrescens Makino
⚜생약명: 희렴초   ⚜다른 이름: 둥찰, 민진득찰, 찐득찰, 희첨

- 분포지역: 전국 각지
- 서식장소: 들이나 밭
- 크기: 약 1m 정도
- 형태: 국화과의 한해살이 풀
- 채취시기: 5월
- 개화시기: 8~9월

만지면 샘털이 있어 찐득찐득하기 때문에 진득찰이라 부른다. 들이나 밭 근처에 흔하게 자라는 국화과의 1년생 초본으로, 생약명은 희렴초이다. 뿌리, 열매, 전초 모두 약용한다. 줄기는 네모지고 누워 있는 털이 달리지만 잘 보이지는 않는다. 키는 약 1m 정도이고, 가장자리에 톱니가 있는 잎은 마주나며 잎자루에 날개가 있다. 꽃은 8~9월경 줄기 끝에 노란색으로 무리지어 핀다. 한방에서는 열매와 줄기를 고혈압과 중풍의 치료제로 사용하는데, 가을에 열매를 따서 그늘에 말린 것을 희렴이라고 한다.

::채취

꽃이 피기 전인 초여름에 전초를 베어 불순물을 버리고 볕에 반쯤 말린 후, 다시 바람이 잘 통하는 곳으로 옮겨 말린다.

::식용 및 약용

1. 연한 잎을 삶아 말려두고 나물로 먹거나 된장국을 끓여 먹는다.
2. 줄기의 밑 부분을 베어 잎과 함께 햇볕에 2~3일간 말리거나, 여러 차례 수증기로 쪘다가 햇볕에 널어 말린 후 약용한다.
3. 탕약, 가루약, 알약의 형태로 쓰기도 하지만 약 10~15g을 보리차처럼 끓여서 물 대신 마시기도 한다.

::효능 및 약리작용

1. 풍습으로 팔다리를 못 쓸 때, 중풍이나 반신불수, 안면신경 마비, 좌골신경통, 고혈압에 효능이 좋다.
2. 5월 5일, 6월 6일, 9월 9일에 줄기와 잎을 채취하여 볕에 말려 풍비를 치료하는 데에 사용한다. 중풍이 오래되어 백 명의 의사가 고치지 못한 것을 고칠 수 있다. 〈산림경제〉
3. 사지마비, 근육골격동통, 허리·무릎의 무력감, 급성간염 등에도 효능이 있다.
4. 약리 실험에서 항염증 작용과 혈압을 낮추는 작용이 밝혀졌다.

08 고욤나무(감나무과)

風

⊛학명: Diospyros lotus L.
⊛생약명: 군천자(君遷子) ⊛다른 이름: 고양나무, 민고욤나무, 고욤, 소시

- 분포지역: 경기 이남
- 서식장소: 마을 부근
- 크기: 약 10m 정도
- 형태: 감나무과의 낙엽 교목
- 채취시기: 5월
- 개화시기: 6월

감나무와 닮았지만 그보다는 열매가 작은 게 특징으로, 마을 부근에 많이 자란다. 높이 약 10m 정도이다. 껍질은 회갈색이고, 잔가지에 회색 털이 있으나 차차 없어진다. 잎은 어긋나고 타원형 또는 긴 타원형으로, 끝이 급하게 좁아져 뾰족하고 톱니는 없다. 꽃은 암수딴그루이며 항아리 모양인데, 6월에 검은 자줏빛으로 피고 새가지 밑 부분의 잎겨드랑이에 달린다. 열매는 둥근 장과로 지름 1.5cm 정도이며, 10월에 익는다. 한방에서는 열매를 따서 말린 것을 군천자라 하여 소갈증 등에 처방한다.

::채취

10~11월에 열매가 익었
을 때 채취한다.

::식용 및 약용

- 예부터 고욤과 대추를 함께 찧어 식량 대신 먹기도 했다.
- 중풍환자는 고욤즙 10cc와 무즙을 같은 양으로 섞어서 하루 2~3
  번 식전에 복용한다. 7일 동안 먹고 끊었다가 다시 먹는다.

::효능

1. 고욤은 한방과 민간에서 고혈압과 중풍에 써온 약나무이다.
2. 감나무 잎보다 약효가 우수하다. 잎을 오래 달여 먹으면 당뇨병,
   혈압, 결핵성 망막출혈, 변비, 지혈, 위장병 등이 치료된다.
3. 발효시켜 복용하면 중풍이나 고혈압, 관절염을 예방, 치료할 수
   있다. 술독을 푸는 데도 효과가 좋다.
4. 잎에는 비타민 C와 P가 많이 들어 있어 혈압을 내리고 핏속의 콜
   레스테롤 양을 줄여준다.

::군천자 주 담그기

고욤의 열매를 따서 말린 군천자는 두통, 고혈압, 감기에 좋다.
고욤열매 20개, 설탕 700g, 소주 1.8ℓ의 비율로 섞어서 3~4일 후 향기
와 맛이 적당히 익었을 때 헝겊으로 걸러서 다른 그릇에 옮겨 밀봉하여
보관한다.

◀솔잎, 오가피, 쇠무릎을 가루 내어 먹거나 달여 1컵씩 마신다.

◀잣나무 잎과 대파뿌리 7개를 달여 1회 2수저씩 공복에 복용한다.

◀떫은감즙과 무즙을 같은 양으로 섞어 마신다.

◀감잎차를 자주 마신다.

◀황기와 검정콩 30g을 달여 소금으로 간하여 복용한다.

◀종려 잎을 검게 볶아서 달여 마시거나 차처럼 마신다.

◀담쟁이 넝쿨을 달여 차처럼 마신다.

◀방풍나물 한줌을 달여 마신다.

◀죽순이나 대나무 즙을 자주 마신다.

◀삽주뿌리와 오가피를 같은 양으로 달여 1컵씩 마신다.